Best friends

베스트 프렌즈 시리즈 8

베스트 프렌즈
교토

정꽃나래·정꽃보라 지음

CONTENTS 교토

교토 여행 준비

교토 지도 목차

여행이 더욱 재미있어지는 +Plus

일러두기

지역 소개 및 구성상의 특징

이 책에 실린 정보는 2023년 5월까지 수집한 정보를 바탕으로 하고 있습니다. 따라서 현지 볼거리와 음식점·쇼핑 명소의 운영 시간, 교통 요금과 운행 시간, 숙소 정보 등이 수시로 바뀔 수 있습니다. 지역의 특성상 수리·보수 또는 공사로 인해 입장이 불가하거나 출입구가 변경되는 경우도 생깁니다. 저자가 발빠르게 움직이며 정보를 수집해 반영하고 있지만 뒤따라가지 못하는 경우도 발생합니다. 이 점을 감안하여 여행 계획을 세우시기 바랍니다.

※ 유네스코 로 표시된 곳은 '유네스코 세계유산에 등재된 명소' 입니다.

지도에 사용한 기호

● 관광	● 식당	● 쇼핑	● 숙소	❶ 공항	✈ 공항	▪▪▪▪▪ 철도	⚲ 버스 정류장
Ⓜ 지하철	**JR** JR 전철	**P** 주차장	**HK** 한큐전철	**E** 에이잔전철	**KH** 게이한전철	**K** 긴테쓰전철/란덴(게이후쿠전철)	

Must Do List
이것만은 꼭 해보자

기요미즈데라
천년 고도의 숨결이 살아 숨쉬는 전통 사찰 방문하기 P.52

기온
전통 가옥이 즐비한 옛 풍경 속으로 타임슬립! P.50

Must Do List
이것만은 꼭 해보자

기모노
일본의 전통 의상 입고 한껏 여행 기분 내기 P.108

Must Do List
이것만은 꼭 해보자

교토 타워
교토의 랜드마크에서
교토 시내 조망하기 P.85

Must Do List
이것만은 꼭 해보자

지쿠린
울창한 대나무숲을 가만히 걸으며 어슬렁 산책하기 P.95

금각사
세계유산으로 등재된 화려하고 우아한 자태 감상하기 P.76

Must Do List
이것만은 꼭 해보자

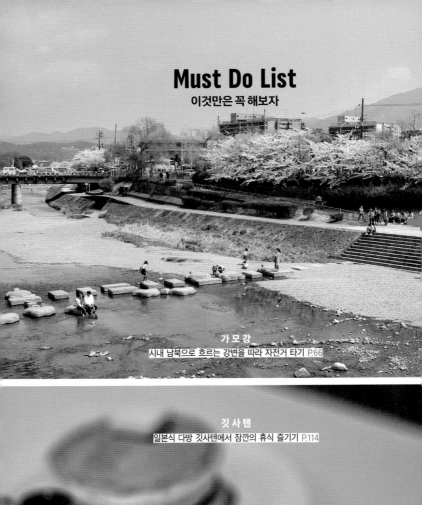

가 모 강
시내 남북으로 흐르는 강변을 따라 자전거 타기 P.66

깃 사 텐
일본식 다방 깃사텐에서 잠깐의 휴식 즐기기 P.114

Must Do List
이것만은 꼭 해보자

교토의 맛
교토에서만 맛볼 수 있는 전통 음식 즐기기 P18

니시키 시장
활기 넘치는 재래시장에서 길거리 음식 삼매경! P64

4 Seasons
교토의 사계와 축제·이벤트

일본의 국화인 벚꽃이 곳곳에 만발하는 봄이나 단풍으로 빨갛게 물든 가을은
교토의 가장 아름다운 모습을 볼 수 있는 시기다. 여름과 겨울에도 이벤트가 풍성하게 열려
쉴 틈 없이 즐거움을 선사한다.

봄 · 春

벚꽃 시즌은 3월 하순에서 4월 상순 사이이지만
기후에 따라 시기가 빨라지거나 느려지기도 한다.
봄이 오면 벚꽃 개화 시기에 관한
정보가 넘쳐나며 벚꽃 명소는 벚꽃놀이를 즐기는
수많은 인파로 북적인다.

조난구 城南宮
나뭇가지가 아래로 축 처진 수양매화와 바닥에 떨어진
동백꽃의 풍경이 아름다운 현지인 강추 명소. P.93
추천 시기 2월 중순~3월 중순

도오지 東寺
수령 120년 된 거대한 벚꽃나무와 5층탑이 어우러지는 사찰.
개화 시기에 맞춰 저녁 라이트업 행사가 열린다. P.88
추천 시기 3월 하순~4월 상순

닌나지 仁和寺
다른 곳에 비해 만개하는 시기가 늦어 벚꽃 엔딩을
맞이하는 명소. 높이가 낮은 벚꽃나무가 특징. P.77
추천 시기 4월 상순~4월 중순

마루야마 공원 円山公園
현지인의 벚꽃놀이 명소로 유명한 공원. 벚꽃나무 아래에
여기저기 돗자리를 펴고 봄을 만끽하고 있다. P.62
추천 시기 3월 하순~4월 상순

게아게 인클라인 蹴上インクライン
폐선이 되어 인적이 드문 철도 선로 길이 봄이 되면 많은
인파로 북적이는 벚꽃 명소로 변신한다. P.72
추천 시기 3월 하순~4월 상순

여름 · 夏

전통 이벤트가 7~8월에 걸쳐 끊임없이 열리는 시기로 대표적으로 마쓰리(祭り)가 있다.
마쓰리란 일본어로 성대한 행사나 의식을 의미한다. 일본의 3대 축제 중 하나인 기온마쓰리가 이 시기에 열린다.

기온마쓰리 祇園祭
매년 7월 1일부터 한 달간 야사카 신사(八坂神社)를 비롯한 기온 지역에서 열리는 1,000년 이상의 역사를 지닌 축제.
추천 시기 7월 1일~7월 31일

고잔노오쿠리비 五山送り火
8월이 되면 선조의 정령을 맞이하는데, 교토의 다섯 산에
불을 지펴 다시 저승으로 돌려보내는 의식을 가진다.
추천 시기 8월 16일

칠석축제 七夕祭り
견우와 직녀가 1년에 한 번 오작교에서 만난다는 7월
칠석을 맞이해 각지에서 열리는 다양한 이벤트.
추천 시기 7월 상순~8월 중순

가모강의 노료유카 鴨川の納涼床
교토 시내를 유유히 흐르는 가모강 니조와 고조 사이에
자리한 음식점에서 야외 마루에 앉아 식사를 한다. P.63
추천 시기 5월 상순~9월 하순

일본식 빙수(가키고리) かき氷
얼음을 잘게 갈아 말차, 호지차, 딸기, 키위, 멜론 등
다양한 맛의 시럽과 연유를 끼얹어 먹는다. P.125
추천 시기 5월 상순~9월 하순

에이칸도젠린지 永観堂禅林寺
3,000그루에 달하는 단풍나무가 넓은 경내를 가득 메워 '단풍의 에이칸도'라는 별칭을 얻은 대표 단풍 명소. P.71
추천 시기 11월 중순~11월 하순

고묘인 光明院
바다를 표현한 하얀 모래의 곡선 사이로 돌이 배치된 하신테(波心庭) 정원은 숨은 단풍 명소다. P.92
추천 시기 11월 하순~12월 상순

가을 · 秋

단풍 시기는 11월 중순부터 12월 상순까지이나 벚꽃과 마찬가지로 조금 빨라지거나 느려질 수 있다. 새빨갛게 물든 단풍들과 운치 있는 산책길로 현지인에게 높은 인기를 얻어 전국 각지에서 관광객이 몰려든다.

엔코지 圓光寺
단풍이 한창인 시기에 일주일 동안만 인원수를 한정해 아침 7시 30분부터 9시까지 특별 방문 이벤트를 연다. P.75
추천 시기 11월 중순~12월 상순

겐코앙 源光庵
네모난 방황의 창은 인간의 생애를, 동그란 깨달음의 창은 대우주를 표현한 것. 이를 통한 단풍 또한 아름답다. P.78
추천 시기 11월 중순~11월 하순

운류인 雲龍院
동그란 깨달음의 창과 네 개의 네모난 연꽃 창을 통해 정원 단풍을 감상할 수 있어 인기가 높은 사찰. P.92
추천 시기 11월 중순~12월 상순

겨울 · 冬

봄이 오기 전 차가운 추위가 계속되는 겨울이라도
다양한 이벤트는 계속된다. 눈이 쌓인 관광 명소의
고요하고 적막한 풍경을 보러 가거나 2월에 피는
붉은 매화를 감상하는 재미가 있어 지루함이 없다.

금각사 金閣寺
눈이 그친 후 건물 위에 쌓인 새하얀 눈과 킨카쿠지의
황금색이 선명한 대비를 이루어 아름답다. P.76
추천 시기 12월 하순~2월 하순

도게쓰교 渡月橋
눈앞에 보이는 풍경이 온통 눈이 쌓여 마치 화장한
것처럼 경치가 바뀌는 것을 '눈화장(雪化粧)'이라
표현한다. P.94
추천 시기 12월 하순~2월 하순

기타노텐만구 北野天滿宮
매화는 꽃 풍경이 귀한 겨울 후반에 모습을 드러내어
봄이 오기를 바라는 이들의 마음을 설레게 한다. P.78
추천 시기 1월 하순~3월 상순

기후네 신사 貴船神社
주홍색 등불과 도리이 위의 눈이 강렬한 대비를 보여
교토의 대표적인 겨울 풍경으로 상징된다. P.106
추천 시기 12월 하순~2월 하순

미야마 가야부키노사토 美山 かやぶきの里
매년 눈 쌓인 전원 풍경 속에 불빛을 밝혀 몽환적이고 신비스러운 분위기를 풍기는 이벤트가 열린다. P.106
추천 시기 1월 하순~2월 상순

TRADITIONS
교토의 사찰을 즐기는 방법

$$\boxed{\text{오미쿠지} \cdot \text{おみくじ}}$$

사찰에서 길흉을 점쳐주는 운세 뽑기. 예로부터 신성한 복권의 결과에는 신불의 의사가 개입한다고 여겨져 왔다. 즉 신사나 사찰에서 뽑은 점괘는 '신불의 뜻을 알 수 있는 복권'을 말한다.

오미쿠지 운세가 좋은 순서

운세 순서는 크게 정해진 순서는 없으나 주로 두 종류로 나뉜다. 가장 좋은 운세는 대길(大吉), 가장 나쁜 운세는 대흉(大凶)이다. 흉은 스스로 극복하며 성장한다고 얼마든지 만회할 수 있다고 하니 너무 나쁘게 생각하지 않아도 된다. 운세 결과 바로 밑에는 소망, 연애, 혼담, 사업, 주거, 여행, 건강, 학문 등 각 주제에 관한 메시지가 적혀 있다. 구글 번역기나 파파고 등 번역 애플리케이션의 이미지 번역 기능을 이용하면 어렵지 않게 내용을 확인할 수 있다.

신사마다 운세 순서가 약간씩 다른데, 대표적인 2가지를 소개한다.

	吉 → → → → → 凶						
좋은 운세	대길 (大吉)	길 (吉)	중길 (中吉)	소길 (小吉)	말길 (末吉)	흉 (凶)	대흉 (大凶)	나쁜 운세
좋은 운세	대길 (大吉)	중길 (中吉)	소길 (小吉)	길 (吉)	말길 (末吉)	흉 (凶)	대흉 (大凶)	나쁜 운세

오미쿠지 뽑을 때 주의사항

1. 신께 무엇을 묻고 싶은지 구체적으로 상상하며 오미쿠지를 뽑는다.
2. 길흉 결과보다는 각 주제에 관한 메시지가 중요하니 꼭 확인해볼 것.
3. 오미쿠지는 사찰 경내에서 묶어 매달아도 되고 집으로 가지고 돌아가도 좋다.
4. 오미쿠지의 정해진 유효기간은 없으나 올해 운세를 알아볼 목적이라면 1년 정도로 보면 된다.

교토의 인기 관광명소의 면면을 살펴보면 사찰이 큰 비중을 차지한다.
아름다운 경치를 감상하는 일 외에 느낄 수 있는 간단하면서도
알기 쉬운 재미 요소를 소개한다.

PLACE 독특한 오미쿠지를 만날 수 있는 사찰

아와타 신사 粟田神社
여행 수호와 여행 안전의 신을 모시는 신사. 작은 새 모양을 한 귀여운 오미쿠지는 경내에 묶으면 가지에 앉아있는 것처럼 보인다.

지도 P.155-B2 ▶ 주소 東山区粟田口鍛冶町1 홈페이지 www.awatajinja.jp

히라노 신사 平野神社
60종 400그루의 벚꽃나무가 있는 아름다운 신사. 종합 운세를 알 수 있는 오미쿠지는 벚꽃을 안고 있는 다람쥐 모양이다.

지도 P.156상단 -B ▶ 주소 北区平野宮本町1 홈페이지 www.hiranojinja.com

아라키 신사 荒木神社
후시미이나리타이샤(伏見稲荷大社) 인근에 있는 신사. 남녀의 인연뿐만 아니라 사람과 물건의 좋은 인연도 맺어준다. 지도 P.151-B2 ▶ 주소 伏見区深草開土口町12-3 홈페이지 arakijinja.jp

이치히메 신사 市比賣神社
여성의 수호신을 모시는 신사로, 여성의 모든 소원을 빌어 주면서 액운을 막아 주기도 하여 여성 참배객이 많다. 지도 P.152-A2 ▶ 주소 下京区本塩竈町河原町五条下ル一筋目西入ル 홈페이지 www.ichihime.net

오카자키 신사 岡崎神社
임신과 출산의 상징인 토끼를 모시는 신사. 귀여운 토끼 모양의 오미쿠지가 신사 전체를 가득 메우고 있다.

지도 P.155-B2 ▶ 주소 左京区岡崎東天王町51 홈페이지 okazakijinja.jp

기후네 신사 貴船神社
교토 시내를 흐르는 가모강 수원지에 위치해 물의 신을 모시는 신사. 영험한 물에 종이를 담그면 운세가 떠오르는 미즈미쿠지(水みくじ)이다. P.106

오마모리 · お守り

행운을 빌거나 액운을 퇴치하는 일종의 부적. 신의 힘이 깃든 부적을 일상에 늘 소지함으로써
악령이나 귀신에게서 신의 보호를 받을 수 있다고 믿는다. 각 사찰마다 소원과 목적의 종류가 다르며,
구입 후 1년이 지나면 효력이 떨어지므로 다시 사찰에 반납하면 된다.

PLACE 귀여운 오마모리를 만날 수 있는 사찰

노노미야 신사
野宮神社

연애 성취로 유명한 오마모리. 일본 최초의 고전소설 〈겐지모노가타리(源氏物語)〉를 모티브로 하여 주인공 겐지(光源)와 그의 연인 로쿠조노미야스도코로(六条御息所)의 그림이 그려져 있다. P.97

도오지
東寺

오마모리는 흔히들 인간을 위한 부적이라고 생각하는 것이 보통이지만 요즘 세상은 다르다. 사랑하는 반려동물의 건강을 지켜주는 도오지의 오마모리는 부적 뒤에 동물의 이름과 연락처를 적어 목줄에 달 수 있다. P.88

야사카코신도
八坂庚申堂

손가락 모양의 수제 원숭이 오마모리는 소지하면 손재주가 생긴다고 한다. P.58

시모가모 신사
下鴨神社

운수가 트이고 복을 가져다주는 레이스 오마모리. 여성 참배자에게 큰 인기. P.80

미카미 신사
御髪神社

일본에서 유일하게 머리카락의 신을 모시는 신사라 전국의 미용사가 모여든다는 이곳의 오마모리는 빗의 모양을 하고 있다. 아름다운 머리카락을 간직할 수 있도록 빌기도 한다. P.99

헤이안진구
平安神宮

예로부터 액막이의 과일로 여겨져 왔던 복숭아 모양의 오마모리. 나쁜 운을 막아주고 행운이 찾아온다고 한다. P.72

에마 · 絵馬

소원을 빌거나 이미 이루어진 소원에 대한 답례로 신사나 절에 봉납하는 그림 현판.
소원이나 다짐을 적어 정해진 곳에 걸어 두는 것이 일반적이다.

PLACE 재미난 에마를 만날 수 있는 사찰

가와이 신사
河合神社

시모가모 신사 경내 입구 부근에 자리한 신사로, 거울 모양을 한 에마가 큰 인기다. 에마에 그려진 얼굴에 화장을 하면 미인이 되어 연애운이 높아진다고 믿는다. P.80

후시미이나리타이샤
伏見稲荷大社

천 개의 도리이를 지나면 도달하는 오쿠샤봉배소(奥社奉拝所)에 하얀 여우 모양 에마가 있다. 자유롭게 얼굴을 그리며 마음 속으로 소원을 빈다. P.91

지조 · 地蔵

사찰 정원 이끼 사이로 살며시 얼굴을 보이는 석상은 지장보살로 불린다.
귀여운 표정과 아담한 모양이 그저 바라보는 것만으로도 절로 미소가 지어진다.

PLACE 깜찍한 지조를 만나볼 수 있는 사찰

산젠인
三千院

경내 정원에 6개의 동자지장(わらべ地蔵)이 숨어있다. 순산을 원하는 사람, 아이를 낳거나 지키고 싶은 사람의 소원을 들어주는 출산과 육아 기원 불상이다. P.102

엔코지
圓光寺

경내 주규노니와(十牛之庭)에서 단풍이 떨어진 바닥을 유심히 살펴보면 찾을 수 있다. 불상의 모습이 마치 단풍이 떨어지는 풍경을 바라보는 것만 같다. P.75

01

Must Eat List
교토 전통음식

재료 본연의 감칠맛을 느낄 수 있도록 비교적 싱겁게 간을 한 것이 특징인 교토의 전통음식.
교토에서만 맛볼 수 있는 음식을 즐기는 것도 교토를 만끽하는 즐거움의 하나.

니신소바
にしんそば

메이지(明治) 시대에 고안된 음식으로, 말린 청어를 다시마와 묽은 간장을 사용해 매콤하게 간을 하여 조린 것을 따뜻한 소바 위에 얹어 함께 먹는다. 잘게 썬 파를 취향껏 적당히 올려 먹으면 더욱 맛있다.

우나기노킨시동
うなぎのきんし丼

양념을 발라 숯불에 구워 낸 장어를 흰 쌀밥 위에 얹고 커다랗고 두꺼운 달걀지단으로 덮어 제공하는 덮밥. 딱 봤을 때는 장어가 보이지 않지만 달걀을 걷어내면 살며시 모습을 드러낸다.

유도후
湯豆腐

난젠지 주변에서 탄생한 스님의 사찰음식. 다시마를 바닥에 깐 냄비에 깍둑썰기한 두부와 물을 넣고 끓인 것을 간장과 양념에 찍어 먹는다. 두부 본연의 맛을 만끽할 수 있다.

유바
湯葉

콩과 물만을 사용해 콩의 주요 성분을 농축한 가공 식품. 사각형 나무틀을 끼운 냄비에 넣은 두유를 약한 불로 가열할 때 표면에 생기는 얇은 막을 말하는데, 미끌미끌한 식감과 고소한 맛이 특징이다.

오반자이
おばんざい

교토 사람들이 일반적으로 먹는 정갈한 가정요리를 뜻한다. 제철 식재료를 듬뿍 사용해 무침, 조림, 튀김 등으로 만든다. 재료 본연의 맛을 살리기 위해 간은 비교적 삼삼하게 하는 편이다.

기누가사동
衣笠丼

얇은 유부와 파를 올린 밥 위에 부드러운 반숙 달걀을 얹은 모습이 마치 푸르른 나무숲 위에 하얀 비단을 깐 인근에 있는 눈 쌓인 기누가사산(衣笠山)을 떠올리게 한다 하여 이름이 붙은 덮밥이다.

규카쓰
牛かつ

일본식 커틀릿 '돈카쓰'를 돼지고기가 아닌 쇠고기로 만든 음식. 시작은 도쿄였으나 돼지고기보다 쇠고기가 주류였던 교토, 오사카, 고베 등지에서 더욱 보급되어 외식으로 자주 즐긴다고 한다.

지리멘산쇼
ちりめん山椒

교토에서 많이 채취되는 산초 열매를 함께 넣어 간장이나 술에 졸인 작은 생선을 말한다. 교토에서는 생선을 날로 먹기보다는 소금이나 된장, 간장으로 졸여 보존하는 풍습이 있었다고.

사바즈시
鯖寿司

옛날옛적 에도(江戸) 시대에 교토에서 탄생한 고등어 초밥. 인근 해안에서 잡은 고등어를 오래 먹고자 소금에 절인 상태로 운반하였는데, 여기에 식초를 바른 밥 위에 얹어 먹은 것에서 유래하였다.

교쓰케모노
京漬物

소금으로만 간을 하여 채소 본연의 감칠맛을 살린 채소 절임. 예로부터 교토의 좋은 풍토와 수질에서 나고 자란 채소를 사용한 사찰음식이 발달한 영향이 크다. 향과 색감을 중요시하며, 담백한 맛이 특징이다.

Tip 교토에서만 나는 채소, 교야사이 京野菜

교토 특유의 기후와 풍토, 비옥한 토양과 풍부한 물로 길러졌으며 농가 기술로 품종 개량을 거듭하며 정성껏 가꾼 채소. 독특한 맛과 향기, 채색을 가지고 있으며, 건강에 도움이 되는 성분이 풍부하게 함유되어 있어 영양가가 높다.

구조네기
(九条ねぎ)
교토식 대파.
제철은 1~2월.

가모나스(賀茂なす)
교토식 가지. 제철은
6월 하순~10월.

에비이모
(えびいも)
교토식 토란.
제철은 10월
하순~1월.

쇼고인다이콘
(聖護院だいこん)
교토식 순무. 제철은
10월 하순~2월 하순.

교미즈나
(京みず菜)
교토식 새싹채소.
제철은 12~3월.

만간지토가라시
(万願寺唐辛子)
교토식 풋고추.
제철은
6월 하순~8월.

Must Eat List
일본을 맛보다

일본은 세계적인 미식 강국이다. 다채로운 음식 문화는 물론 초밥, 회, 라멘 등
이미 대중에게 익히 알려진 일식을 현지에서 제대로 맛보고 싶어 하는 이들도 적지 않을 터.
먹는 것만큼 그 나라의 문화를 손쉽게 파악할 수 있는 것은 없다.
일본 전역에서 맛볼 수 있는 일본 대표 음식을 알아보자.

초밥
寿司(스시)

일본어로 스시라고 불리는 초밥은 한국인에게 가장 잘
알려진 일본 음식일 것이다. 식초와 소금으로 간을 한 하
얀 쌀밥과 날생선이나 조개류를 조합한 것으로 일반적
으로 알려진 밥 위에 재료를 얹은 초밥을 니기리즈시(握
り寿司)라고 한다. 이 외에 김밥과 형태가 비슷한 마키
즈시(巻き寿司), 밥과 재료를 김으로 감싼 원뿔형 초밥
데마키즈시(手巻き寿司), 유부초밥 이나리즈리(稲荷寿
司), 날생선과 달걀 등을 뿌린 지라시즈시(ちらし寿司),
나무 사각 틀에 밥과 재료를 넣어 꾹 누른 사각형 초밥 오
시즈시(押し寿司), 성게나 연어 알 등을 밥에 얹어 김으
로 감싼 군칸마키(軍艦巻き) 등이 있다. 미국에서 시작
된 것으로 게맛살, 아보카도, 마요네즈를 넣어 돌돌 만
것을 캘리포니아롤(カリフォルニアロール)이라고 하
는데 일본에도 역수입되어 흔히 볼 수 있게 되었다.

Tip 재료로 알아보는 초밥 사전

재료	일어명, 발음	재료	일어명, 발음	재료	일어명, 발음
참치	マグロ, 마구로	꽁치	サンマ, 산마	오징어	イカ, 이카
참치살 중 지방이 많은 뱃살 부위	大トロ, 오오토로	가자미	カレイ, 카레이	문어	タコ, 타코
오오토로 이외에 지방이 적은 참치 부위	中トロ, 츄토로	방어	ぶり, 부리	성게	ウニ, 우니
붕장어	アナゴ, 아나고	새끼 방어	はまち, 하마치	갯가재	シャコ, 샤코
장어	ウナギ, 우나기	도미	たい, 타이	가리비	ホタテ, 호타테
연어	サーモン, 사아몬	잿방어	かんぱち, 칸파치	전복	アワビ, 아와비
고등어	サバ, 사바	넙치	ひらめ, 히라메	피조개	アカガイ, 아카가이
정어리	イワシ, 이와시	광어지느러미	えんがわ, 엔가와	연어 알	イクラ, 이쿠라
전갱이	アジ, 아지	새우	エビ, 에비	청어 알	かずのこ, 카즈노코
가다랑어	カツオ, 카츠오	게	カニ, 카니	달걀	たまご, 타마고

라멘
ラーメン

중국의 전통 음식인 라멘(拉麺)이 일본으로 건너와 현재의 형태
로 발전한 면 요리. 알칼리성 염수 용액을 첨가한 간수로 밀가루를
반죽한 중화면을 사용해 부드럽고 탄력이 있으며 노르스름한 색깔이
특징이다. 육수는 일본식 간장인 쇼유(醬油), 일본식 된장 미소(味噌), 소금
(塩), 돼지 뼈(豚骨), 닭 뼈(鶏ガラ), 생선과 조개류(魚介) 등에 채소나 마른 생선을
넣고 만든다. 면을 국물에 담고 반숙 달걀, 파, 차슈(チャーシュー, 돼지고기조림), 멘마(メンマ, 죽순을 유산
발효시킨 가공식품) 등 다양한 재료를 얹은 단순한 구성은 라멘만이 아닌 일본 면 요리의 특징으로 꼽는다.

소바
そば

메밀가루로 면을 만들어 쯔유에 찍어 먹거나 육수에 넣어 먹는
요리다. 쯔유는 지역마다 만드는 방식이 다르나 일반적으로는 가
다랑어를 쪄서 말린 가쓰오부시, 다시마, 표고버섯 등을 우려낸
육수에 간장, 설탕, 미림(みりん) 등을 넣어서 만든다. 소바는 크게
쯔유에 찍어 먹는 모리소바(もりそば)와 육수를 그릇에 부어 국물과
함께 먹는 가케소바(かけそば), 다양한 재료와 함께 볶아 먹는 야키소바(焼
きそば)로 나뉜다. 모리소바는 면발이 담긴 그릇에 따라 대발을 사용한 자루소바(ざるそば)와 사각형 나무 찜
틀을 사용한 세이로소바(せいろそば)로 나눌 수 있다. 면발에 김이 올려져 있는 소바를 자루소바, 김이 없는
소바를 모리소바라고 부르는 가게도 있다. 또 순수 메밀가루로 만든 면을 기코우치(生粉打ち) 또는 주와리소
바(十割蕎麦)라 하며 밀가루와 메밀가루를 2:8 비율로 배합해 만든 면을 니하치소바(二八蕎麦)라고 한다.

우동
うどん

밀가루를 반죽하여 길게 늘어뜨린 면을 간장 육수에 넣어 먹는 요
리다. 일반적으로 알려진 국물과 함께 먹는 가케우동(かけうど
ん)과 소바처럼 면을 찬물에 헹궈 대발에 올린 자루우동(ざるうど
ん), 소량의 간장소스나 쯔유를 뿌려 먹는 붓카케우동(ぶっかけうどん),
면을 볶아 먹는 야키우동(焼うどん)으로 나뉜다. 면 위의 재료나 국물에 따
라 다양한 종류가 있는데, 튀김 부스러기를 올린 다누키(たぬき), 유부를 얹은 기쓰네(きつね), 일본식 튀김을
올린 뎀뿌라(天ぷら), 쇠고기를 넣은 니쿠(肉), 걸쭉한 카레 국물에 우동면을 넣은 카레(カレー) 등이 있다.

돈부리
丼

일본 가정식의 대표 격인 돈부리는 밥 위에 반찬을 얹어 그대로
먹는 일본식 덮밥을 말한다. 간편한 한 끼 식사로 인기가 높으며
위에 올려진 반찬에 따라 이름이 달라진다. 대표적인 것으로는 쇠
고기를 얹은 규동(牛丼), 부타동(豚丼, 돼지고기), 덴동(天丼, 튀
김), 오야코동(親子丼, 닭고기와 달걀), 가쓰동(カツ丼, 돈카쓰), 우나
동(鰻丼, 장어), 가이센동(海鮮丼, 해산물) 등이 있다.

오니기리
おにぎり

우리나라에서도 흔히 볼 수 있는 삼각김밥을 말한다. 같은 일본이어도 도쿄와 오사카의 삼각김밥 또한 차이를 보이는데, 도쿄에서는 전형적인 삼각 모양을 띠고, 오사카에서는 동그란 원형이나 타원형 가마니 모양이 주류이며, 오무스비(おむすび)라는 표현을 자주 사용한다. 밥 속에 들어가는 재료 중에 대표적인 것으로는 참치마요네즈(ツナマヨネーズ), 새우마요네즈(海老マヨネーズ), 연어(鮭), 명란젓(明太子), 대구 알(たらこ), 가다랑어포(おかか), 잔멸치(しらす), 갈비(牛カルビ), 다시마(昆布), 낫토(納豆) 등이 있다.

야키토리
焼き鳥

일본식 꼬치 요리. 우리나라 꼬치와 마찬가지로 닭고기를 한입 사이즈로 자른 다음 나무 꼬치에 꽂아 직화구이한 것이다. 닭다리살(もも, 모모), 닭가슴살(むね, 무네), 닭 껍질(皮, 가와), 닭고기와 파를 번갈아 끼운 것(ねぎま, 네기마), 닭의 횡격막(ハラミ, 하라미), 닭 꼬리뼈 주위 살(ぼんじり, 본지리), 닭 연골(なんこつ, 난코쓰), 닭의 간(レバー, 레바), 닭 날개(手羽先, 데바사키), 닭 염통(ハツ, 하츠), 다진 닭고기(つくね, 쓰쿠네) 등 다양한 종류가 있다. 야키토리 전문점뿐만 아니라 이자카야에서도 쉽게 볼 수 있다.

스키야키
すき焼き

일본식 전골인 나베 요리의 대표 격. 얇게 썬 쇠고기와 양파, 두부, 버섯, 파 등의 재료를 냄비에 넣고 끓이면서 간장과 설탕으로 맛을 낸 것으로, 재료가 익으면 날달걀에 찍어 먹는다.

샤부샤부
しゃぶしゃぶ

나베 요리. 스키야키보다는 우리나라에서도 다양한 형태로 만나볼 수 있는 음식이다. 고기와 채소를 뜨거운 육수에 넣어 익힌 다음 참깨 소스나 폰즈(ポン酢)라고 하는 과즙 식초에 찍어 먹는다.

덴뿌라
天ぷら

튀김 요리의 최강자. 덴뿌라는 해산물, 채소를 밀가루와 달걀 반죽을 입혀 튀긴 것으로 도쿄의 대표적인 향토 요리다.

카레
カレー

가장 대표적인 일본식 양식. 일본에서는 카레라이스(カレーライス)라 불리는데 인도에서 직접 들어온 것이 아닌 메이지(明治)시대 때 인도를 지배했던 영국 해군에 의해 전해진 것이라 한다. 향신료가 강한 인도의 카레와 달리 고기나 해산물, 채소 등 재료의 풍미를 살린 매콤달콤한 맛이 특징이다.

돈카쓰
とんかつ

영국에서 건너온 커틀릿(일본에서는 가쓰레쓰(カツレツ)라 한다)을 일본 독자적인 스타일로 발전시킨 음식이다. 기본적으로 커틀릿은 쇠고기나 양고기로 만드는데, 돼지고기로 만든 커틀릿을 포크 가쓰레쓰라고 하다가 돼지를 의미하는 한자 '돈(豚)'을 사용해 지금의 단어로 바뀌었다. 긴자(銀座)의 양식 전문점 '렌가테(煉瓦亭)'가 돈카쓰를 처음으로 만든 곳으로 유명하다.

오므라이스
オムライス

프랑스의 달걀 요리 오믈렛에 케첩을 섞은 밥을 더해 데미글라스 소스를 끼얹어 먹는 것으로 오믈렛+라이스를 합친 조어. 1900년대 양식 전문점이 치킨라이스와 오믈렛을 합친 음식을 제공하기 시작하면서 탄생했다. 동쪽 간토 지방은 긴자(銀座)의 렌가테(煉瓦亭)가, 서쪽 간사이(関西) 지방은 오사카(大阪) 신사이바시(心斎橋)의 홋쿄쿠세이(北極星)가 원조로 알려져 있다.

나폴리탄
ナポリタン

일본에서만 만날 수 있는 스파게티다. 1920년대 요코하마의 한 호텔 총주방장이었던 이리에 시게타다(入江茂忠)가 토마토, 양파, 마늘, 토마토 페이스트, 올리브 오일을 사용해 만든 양념을 고안한 것이 나폴리탄의 시작이다. 이후 고가의 토마토 대신 미군이 대량으로 들여온 케첩으로 스파게티를 만들면서 큰 인기를 얻게 된다.

일본의 술

우리나라에서 사케(さけ)라 부르는 니혼슈(日本酒, 쌀을 원료로 한 양조주), 증류주를 베이스로 하여 과즙과 탄산을 섞은 추하이(チューハイ)와 위스키나 소주 등의 알코올 음료에 레몬, 키위, 라임, 매실 등과 소다를 섞어 만든 칵테일의 일종인 사와(サワー)가 있다. 이 밖에 가장 인기 있는 술은 우리에게도 친숙한 맥주(ビール, 비루)다. 일반적으로 '나마비루(生ビール)'라고 칭하는 생맥주를 즐겨 마신다.

01
Must Buy List
내 손안의 교토

교토에서만 만나볼 수 있는 다양한 상품은 여행을 추억할 기념품으로 제격이다.
여행자의 구미를 당기고 교토의 매력을 한층 더 올려주는 나만의 선물 후보를 소개한다.

잇포도차호 녹차
一保堂茶舗 緑茶

1717년부터 교토의 대표적인 일본차
전문점으로 자리매김해온 곳. 말차,
센차, 반차 등 다양한 종류의 녹차를
판매하고 있다. 티백, 녹차 가루, 찻잎
등 여러 형태로 선보인다.

요지야 기름종이
よーじや あぶらとり紙

교토의 유명 미용제품 전문점으로, 일
본의 특수한 전통 종이로 만든 기름 종
이가 가장 유명한 아이템이다. 기름만
흡수하는 능력이 탁월하다.

소소 다비시타
SOU・SOU 足袋下

일본의 아름다운 사계절과 운치 있는
풍경을 특유의 아기자기함으로 표현
한 오리지널 교토 브랜드. 일본 전통
버선을 현대적인 스타일로 재현한 양
말이 인기가 높다.

스마트 커피점 커피잔 세트
スマート珈琲店
オリジナルコーヒーカップ＆ソーサー

교토 시내의 일본식 다방인 '깃사텐' 중 대
표 격으로 꼽히는 스마트 커피점의 로고가
새겨진 오리지널 커피잔과 받침 세트. 카페
에서도 그대로 쓰이고 있다.

가란코론교토 가마구치백
カランコロン京都 がまぐちバッグ

교토다운 아이템이 가득한 패션잡화 브랜드의 인기 상품. 가방 입구가 두꺼비 입 같은 물림쇠가 달려 있는 형태로, 교토 사람들은 금전운을 가져다 준다고 믿는다.

쇼에이도 긴카쿠
松栄堂 金閣

300년 이상의 전통을 지닌 인센스 브랜드. 금각사 연못에 비친 금박 누각 '긴카쿠'를 모티프로 한 백단의 싱그러운 향을 느낄 수 있는 인센스 스틱이 유명하다.

깃사텐 마스킹테이프
喫茶店 マスキングテープ

교토의 오랜 노포 깃사텐들은 저마다의 개성과 매력으로 똘똘 뭉쳐있다. 이들의 특징을 한 문구 브랜드가 마스킹테이프로 녹여냈다. 교토의 문구점에서 만나볼 수 있다.

스누피 교토 한정 인형
SNOOPY茶屋

니시키 시장 내에 자리하는 스누피 카페에서는 교토 한정 스누피 인형을 판매하고 있다. 스누피가 일본의 전통 옷을 입고 일본식 경단인 '당고'를 들고 있다.

세이코샤 에코백
誠光社 エコバッグ

교토의 인기 독립서점 세이코샤 내부 한쪽에 마련된 7인치 LP 판매 코너의 전용 에코백. 7인치 LP 30~40장이 거뜬히 담긴다.

시치미야혼포 시치미 고춧가루
七味家本舗 七味唐辛子

우동, 라멘, 미소된장국, 채소 절임 등에 뿌려 먹기 좋은 고춧가루. 고추, 흰깨, 검은깨, 산초, 파래, 청자소, 삼씨 등 7개 재료를 배합해 만든다.

Must Buy List
교토의 맛있는 명과

교토는 입맛 까다로운 이들도 매료시킬 만큼 달콤함으로 무장한 명과가 즐비하다.
여행을 마치고 돌아갈 때 한 손에 쥐고 귀국한다면 달콤하게 여행을 추억할 수 있을 것이다.

오타베 & 유코 야쓰하시
おたべ & 夕子 八つ橋

교토를 대표하는 명과. 쌀가루, 설탕, 계피로 만든 떡을 얇
게 밀어 정사각형으로 자른 다음 팥앙금을 넣어 세모 모양
으로 접은 것이 일반적인 형태이다. 계피 외에도 말차, 깨,
초콜릿 등 다양한 맛이 있다.

만게쓰 아자리모찌
滿月 阿闍梨餠

교토 현지인의 큰 사랑을 받는 1856년
에 창업한 화과자 전문점. 떡가루에 달걀
을 섞은 반죽에 직접 만든 수제 통팥소를
넣어서 구운 만주. 촉촉한 껍질과 담백한
단맛이 나는 팥소의 조화가 인상적이다.

고게쓰 센주센베이
鼓月 千寿せんべい

버터 풍미가 그윽한 달지 않은 연유 설탕 크림을 바른 바삭
한 물결 쿠키. 파도 사이에 하늘을 나는 학의 그림자가 비
친 풍경을 형상화해 쿠키로 표현했다. 전 연령층에게 인기
가 높다.

말브랑슈 차노카
マールブランシュ 茶の菓

교토의 인기 디저트 전문점 '말브랑슈'의 간
판 상품인 녹차맛 랑드샤. 교토 우지(宇治)와
시라카와(白川) 등지에서 엄선한 차를 독자
적으로 혼합해 구운 쿠키 사이에 화이트 초콜
릿을 끼워 완성했다.

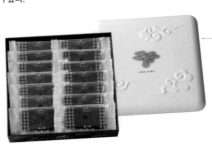

교바아무
京ばあむ

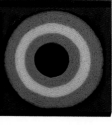

수학여행으로 교토를 방문한 학
생들 손에 반드시 들려 있는 명과
중 하나로, 교토에서 만든 두유와
말차로 만든 독일식 구움 과자 '바
움쿠헨'이다. 폭신한 식감과 말차
의 쌉싸름한 맛이 특징.

로이즈 교토
ロイズ京都

훗카이도 삿포로에 거점을 둔 초콜
릿 브랜드 '로이즈(ROYCE, 로이즈)'
가 교토에 진출했다. 이곳의 간판 상
품은 훗카이도산 생크림을 넣어 만
든 생초콜릿으로, 교토 한정으로 우
지 말차와 치즈 맛을 선보인다.

시즈야빵 앙금빵
SIZUYAPAN あんぱん

교토의 유명 제과점 '시즈야(志津屋)'가 제작한 팥빵 전문점. 녹차, 고구마,
밤 등 제철 재료를 사용해 교토의 식문화를 빵으로 승화시켰다. 서양식 빵
에 일본식 과자의 요소를 가미한 새로운 빵이 테마.

> **Tip** 교토 시내 곳곳에서 만나볼 수 있
> 는 시즈야 빵집을 발견하면 교토 사람들
> 의 소울 푸드 '가르네(カルネ)'를 먹어보자.
> 마가린을 바른 카이저롤 사이에 햄과 양파
> 를 끼운 빵으로, 간식으로 즐기기에 좋다.

프레스 버터 샌드
우지말차맛
プレスバターサンド 宇治抹茶

훗카이도산 밀가루와 버터를 사용
한 쿠키 반죽 사이에 말차 버터크림
과 버터 캐러멜을 끼우고 꾹 눌러 구
워 유분이 자연스럽게 빠진 깔끔한
맛의 샌드가 완성되었다. 교토에서
만 맛볼 수 있다.

2023년 교토, old & new 이렇게 달라졌어요

신용카드, 간편 결제가 가능한 업소 확대

일본도 신용카드와 간편 결제 시스템이 서서히 정착되고 있는 추세다. 이러한 결제가 가능한 소규모 업소가 늘어나고 있으며, 이것을 이용하는 일본인의 비율도 크게 확대되었다.

최근 환전 수수료와 해외 결제 수수료 없이 외화를 미리 충전하여 결제할 수 있는 선불식 충전카드가 큰 인기를 끌고 있다. '트래블로그 체크카드(마스터카드)'와 '트래블월렛 트레블페이(비자카드)'가 대표적이다. 카드를 발급받고 전용 애플리케이션에 엔화를 충전하면 일본 현지에서 체크카드 개념으로 사용할 수 있으며, ATM을 통해 현금 인출도 가능하다. 또한 카드를 긁거나 꽂지 않고 기계에 갖다 대기만 해도 결제가 이루어지는 '콘택트리스 결제 시스템'이라 편리하게 이용할 수 있다. 트래블로그는 세븐일레븐(セブンイレブン) 편의점 내에 비치된 세븐뱅크 ATM, 트래블월렛은 이온 AEON 또는 미니스톱(ミニストップ) 편의점 ATM에서 인출 시 수수료가 무료다. 구글 맵에서 세븐뱅크는 'seven bank', 이온은 'aeon atm'으로 검색하면 된다.

[트래블로그] smart.hanacard.co.kr/travlog/travlog.html
[트래블렛] www.travel-wallet.com

Travel tip

ATM에서 현금 인출하는 방법

① 엔화가 충전된 카드를 준비한다.
② 구글 맵으로 ATM 검색하여 기기를 찾는다.
③ 기기에 카드를 삽입한다.
④ 카드 비밀번호 4자리를 입력한다.
⑤ 언어 설정에서 '한국어'를 클릭한다.
⑥ 원하는 거래는 '출금'을 클릭한다.
⑦ 원하는 계좌는 '건너뛰기'를 클릭한다.
⑧ 출금할 금액을 선택한 후 최종 화면에서 엔화를 클릭한다.
(* ATM 기계마다 이용 방법이 약간씩 다를 수 있으므로 유의한다)

새로 도입된 숙박세 제도

관광자원의 매력 향상 및 여행지의 환경 개선 등 관광진흥에 필요한 비용을 충당하고자 마련된 제도로, 교토에 위치한 호텔 또는 료칸, 호스텔에 숙박하는 투숙객에게 부과하는 세금이다. 이탈리아, 스페인, 스위스, 포르투갈 등 유럽에서는 일찌감치 시행되고 있

숙박 요금(1인 1박)	세율
¥20,000 미만	¥200
¥20,000 이상 ¥50,000 미만	¥500
¥50,000 이상	¥1,000

으며, 일본의 주요 관광 도시인 도쿄, 오사카, 후쿠오카, 가나자와 등지에서도 숙박세를 부과하고 있다. 교토 숙박세는 할인과 혜택을 받은 금액을 제외하고 최종적으로 결제한 금액에 따라 세금이 책정된다. 숙박세는 투숙객 1명씩 1박당 부과되는데, 만약 1박당 금액 ¥30,000인 교토 호텔에 2인 3박을 할 경우 숙박세는 ¥500×3박×2인=¥3,000이 된다. 숙박세는 결제한 최종 숙박비에 포함되어 있는 경우가 있으며, 그렇지 않은 경우 체크인 또는 체크아웃 시 별도로 지불하는 방식이다.

일본 현지에서 이용 가능한
네이버페이와 카카오페이

앞서 언급한 바와 같이 일본에서도 간편 결제 서비스가 점차 확대되고 있는 실정이다. 일본의 주요 간편 결제 서비스로는 페이페이(PayPay), 라인페이(LINE Pay), 라쿠텐페이(R Pay), 알리페이(ALI PAY) 등이 있다. 이 중 한국에서 많이 사용하는 네이버페이와 카카오페이는 일본 간편 결제 시스템과 연계하여 일본 현지에서도 이용할 수 있게 되었는데, 네이버페이는 라인페이와, 카카오페이는 알리페이와 연계하여 일본에서 이용 가능하다. 이용 시 환율은 당일 최초 고시 매매기준율이 적용되며, 별도 수수료는 없다. 네이버페이와 카카오페이 모두 각 포인트와 머니로만 결제되므로 잔액 확인 후 사용하도록 한다(선물받은 포인트와 머니는 사용 불가). 이용 시 아래 절차를 참고하자.

Travel tip

주요 사용처

· 카카오페이 : 이온몰, 빅카메라, 다이마루 백화점, 이세탄 백화점, 돈키호테, 에디온, 로손 편의점, 패밀리마트 편의점, 쓰루하 드러그스토어 등

· 네이버페이 : 빅카메라, 야마다전기, 한큐 백화점, 코코카라파인 드러그스토어, 웰시아 드러그스토어, 마쓰야 규동 전문점, 재팬 택시 등

네이버페이, 카카오페이 결제 방법

네이버페이(라인페이) 이용 방법

① 네이버페이 애플리케이션을 열어 '현장결제' 클릭

② 'N Pay'를 클릭

③ 결제 방법에서 '라인페이' 선택

④ 라인페이로 전환된 바코드로 결제 진행

카카오페이(알리페이) 이용 방법

① 카카오톡 내 카카오페이 창을 열어 '국내결제' 클릭

② 국가 선택에서 '해외결제' 클릭

③ 알리페이로 전환된 바코드로 결제 진행

호텔, 음식점 등 **실내 흡연 금지**

2023년 현재 교토는 간접 흡연을 방지하고자 음식점, 호텔, 료칸, 철도, 선박 등 많은 사람이 이용하는 공공장소에서의 흡연이 원칙적으로 금지되는 법률이 개정 및 시행되고 있다. 더 나아가 교토역 부근과 기요미즈데라와 기온 일대, 가와라마치 번화가 등 시내 중심가에서는 길거리 흡연을 하는 이들에게 ¥1,000의 과태료를 부과하고 있다. 그러므로 반드시 지정된 장소에서만 흡연을 해야 한다.

교토의 공공 흡연 장소

일본에서도 이용 가능한 **모바일 택시 배차 서비스**

카카오택시와 우티 등 스마트폰 애플리케이션을 통한 모바일 차량 배차 서비스는 일본에서도 보편적으로 사용되고 있다. 교토에서 이용 가능한 대표적인 애플리케이션은 디디(DiDi), 고(GO), 우버 택시(Uber Taxi), 에스라이드(S.RIDE)이다.

디디(DiDi)는 서비스 중인 택시 차량이 많은 편이라 가장 배차가 빠른 서비스로 알려져 있다. 게다가 택시 예약 시 별도 요금이 부과되지 않는 점도 인기 요인으로 꼽는다. 애플리케이션 다운로드 후 한국 전화번호로도 가입이 가능하므로 미리 등록해두는 편이 좋으며, 한국어 지원이 되지 않아 영어로 이용해야 하지만 사용 방법은 그다지 어렵지 않다.

디디 다음으로 배차가 빠른 서비스는 고(GO)와 우버 택시(Uber Taxi)다. 두 서비스는 애플리케이션을 설치하지 않고 이용 가능해 편리하다. 고(GO)는 카카오택시 애플리케이션을, 우버 택시는 우티(UT) 애플리케이션을 통해서 가능한데, 각 애플리케이션을 켜고 현 위치를 일본으로 잡는 순간 현지 서비스로 자동 전환되어 바로 이용할 수 있다. 한국에서 사용했던 방식 그대로 카카오택시는 고(GO)를, 우티는 우버 택시(Uber Taxi)를 이용할 수 있어 따로 이용 방법을 익히지 않아도 사용 가능하다. 참고로 디디와 우버 택시는 사전에 등록한 카드 결제와 현지 택시기사를 통한 현금 결제가 가능하며, 카카오택시는 사전에 등록한 카드와 휴대폰 결제만 사용할 수 있다.

일부 편의점과 슈퍼마켓의 **계산 방식 변화**

트렌드 키워드에서 여전히 주목받고 있는 '비대면'은 일본의 일상생활에서도 큰 변화를 불러일으키고 있다. 처음부터 끝까지 모두 터치스크린 키오스크를 통한 셀프 계산대 방식을 적용하기보단 일부만을 차용해 일본만의 독특한 비대면 거래 방식을 도입한 곳이 늘어났는데, 대표적으로 세븐일레븐과 같은 편의점이나 프레스코(FRESCO), 라이프(LIFE) 등의 슈퍼마켓 등이 있다. 물건 구매 시 계산대에서 점원이 직접 바코드로 물건을 찍는 흐름까지는 종래 방식과 동일하나 다음 절차인 결제부터는 터치스크린 키오스크를 통해 구매자가 직접 진행해야 하는 점이 상이하다. 구매자는 최종 결제금액을 보고 결제수단을 고른 후 지불 방식에 따라 절차를 진행해야 한다. 현금으로 지불할 경우 키오스크 하단에 장착된 기계에 직접 돈을 넣어야 하며, 신용카드나 선불식 충전카드를 선택한 경우 기계 우측에 있는 결제 시스템을 통해 결제를 처리해야 한다. 결제에 어려움을 느낀다면 점원에게 도움을 요청하도록 하자.

화면에서 결제 방법을 선택
· 바코드 결제
· 나나코(세븐일레븐카드)
· 현금
· 기타(간편 결제)
· 신용카드
· 교통카드(스이카, 파스모 등)

현금 결제는 기기 하단 이용
동전은 좌측에,
지폐는 우측에 삽입.

**신용카드나 선불식 충전카드는
기기 우측을 통해 결제**

**기타(간편 결제 서비스인 페이
애플리케이션)를 선택한 경우**
점원에게 바코드나 QR코드를
제시하여 결제 완료.

음식점 **예약 시스템** 활성화

내가 가는 음식점이 인기 맛집인지 판단하는 척도는 가게 앞에 길게 늘어선 대기줄이었다. 하지만 음식점 예약 시스템이 활성화되면서 현재는 기나긴 대기 행렬을 찾아볼 수 없는 맛집이 늘어나고 있다. 음식점의 공식 홈페이지나 구글 맵 정보의 예약 페이지 또는 다베로그(食べログ), 핫페퍼(HOT PEPPER), 구루나비(ぐるなび) 등 음식점 예약 전문 사이트를 통해 예약할 수 있으며 예약 가능 여부는 공식 홈페이지를 접속하거나 구글 맵 정보를 통해 예약란을 확인하면 알 수 있다. 음식점에 따라 외국인 관광객은 예약이 불가하거나 노쇼 방지를 위해 예약금을 받는 경우가 있으므로 꼼꼼히 확인하도록 한다.

INFORMATION
일본 국가 정보

· 국가명 일본(日本)
· 수도 도쿄(東京)
· 인구 약 1억 2,447만 명(세계 11위), 교토부 인구수는 약 253만 명
· 지리 혼슈(本州), 홋카이도(北海道), 시코쿠(四国), 규슈(九州) 등 4개의 큰 섬으로 이루어진 일본 열도(日本列島)와 이즈·오가사와라 제도(伊豆·小笠原諸島), 지시마 열도(千島列島), 류큐 열도(琉球列島)로 구성된 섬나라다.
· 면적 377,915km², 교토의 면적은 828.8km²
· 언어 일본어
· 시차 한국과 시차는 없다.
· 통화 ¥(엔)/¥100=약 985원 (2023년 5월 기준)
· 전압 100v(멀티 어댑터 필요)
· 국가번호 81
· 비자 여권 유효기간이 체류 예정 기간보다 더 남아 있다면 입국은 문제없다. 입국 전 Visit Japan Web을 통해 사전 등록 후 승인되면 최대 90일까지 체류 가능하다.

날씨
우리나라와 마찬가지로 교토 역시 사계절이 뚜렷한 편이므로 선선한 날씨를 유지하는 3~4월과 10~11월이 여행하기 가장 좋은 시기다. 여름이 시작되는 6월부터 8월 사이 낮 시간대는 살인적인 더위로 인해 몸과 마음이 지칠 수도 있어 많은 일정을 소화하기 어렵다. 또한 6월에 집중되는 장마와 9월까지 계속되는 태풍은 여행자 최대의 적이다. 겨울은 추위가 느껴지나 서울보다는 덜 추운 편이다. 방한복이 필요할 만큼 혹한의 날씨라고 보기 어렵다.

공휴일
일본에서는 공휴일을 국민 모두가 축복하는 기념일이라 하여 '슈쿠지츠(祝日)'라 부른다. 공휴일이 연속적으로 집중되는 4월 하순과 5월 초순의 골든 위크(ゴールデンウィーク, Golden Week), 9월 중하순의 실버 위크(シルバーウィーク, Silver Week) 그리고 직장인의 휴가철인 8월 중순의 오봉(お盆, 일본의 명절)과 연말연시는 일본 최대의 여행 성수기이므로, 호텔 숙박비가 치솟고 예약도 어려워진다. 여행 시기의 선택지가 넓다면 가급적 이 시기는 피하는 것이 좋다. 공휴일과 주말이 겹치는 경우 대체 휴일이 적용되어 다음 날이 휴일이 된다.

1.1 설날
1월 둘째 주 월요일 성인의 날
2.11 건국기념일
2.23 일왕탄생일
3.20 또는 3.21 춘분(春分)의 날
4.29 쇼와의 날
5.3 헌법기념일
5.4 녹색의 날
5.5 어린이날
7월 셋째 주 월요일 바다의 날
8.11 산의 날
9월 셋째 주 월요일 경로의 날
9.22 또는 9.23 추분(秋分)의 날
10월 둘째 주 월요일 체육의 날
11.3 문화의 날
11.23 노동 감사의 날

화폐 및 신용카드

화폐 종류
일본의 화폐 단위는 엔(¥, Yen)이다. 화폐 종류로는 1,000, 2,000, 5,000, 10,000엔 4가지 지폐와 1, 5, 10, 50, 100, 500엔 6가지 동전으로 구성되어 있다.
일본 현지에서의 카드와 간편 결제 사용이 늘어남에 따라 한국에서 무리하게 환전해가는 방식이 옛말이 되었다. 더불어 트래블로그, 트래블월렛과 같은 선불식 충전카드가 인기를 끌면서 여행지에서 필요한 금액만큼만 사전에 충전하여 사용하는 이들도 늘어났다. 선불식 충전카드가 편리한 건 환전 수수료가 없고 충전 시 매매

기준율로 환전되어 꽤 큰 비용을 아낄 수 있기 때문이다. 또한 큰 금액의 현금을 직접 소유할 필요가 없어 여행자의 부담도 줄어든다. 그러므로 여행지에서 사용 예정인 금액은 대부분 선불식 충전카드에 넣어두거나 충전할 수 있도록 따로 빼두자. 당장 필요할 때 사용할 수 있는 비상금 정도의 소액만 은행 애플리케이션을 통해 환전 신청 후 가까운 은행 영업점이나 인천공항 내 은행 환전소에서 수령하면 된다. 현지에서 현금이 필요하다면 트래블로그와 트래블월렛을 통해 ATM 출금을 하면 된다.

신용카드

개인이 운영하는 작은 상점 이외에 대부분 쇼핑 명소에는 신용카드 사용이 가능하지만, 음식점의 경우 아직은 카드 사용이 제한된 곳이 많다. 신용카드 브랜드 가운데 비자, 마스터 카드, 아메리칸 익스프레스, JCB, 은련카드(Union Pay)를 사용할 수 있다. 단, 해외에서 사용 가능한 카드인지 반드시 확인해 두어야 한다. 카드 사용 시 카드 뒤에 서명이 반드시 있어야 하고, 실제 전표에 사인할 때도 그 서명을 사용해야 한다. 주의할 점은 하트를 그리거나 서명과 다르게 사인한다면 결제를 거부당할 수도 있다. 신용카드의 현금 서비스와 체크카드로 현금 인출을 하는 경우, 일본 우체국 유초은행(ゆうちょ銀行)과 세븐일레븐 편의점 내 세븐은행(セブン銀行)의 ATM에서 이용 가능하다. 트래블로그 카드인 경우 세븐은행(セブン銀行) ATM, 트래블월렛은 이온(イオン) ATM에서 인출할 경우 수수료 무료.

세븐은행 ATM

Tip 가까운 ATM 찾기

현 위치에서 가장 가까운 ATM을 찾고 싶다면 구글맵 검색창에서 'seven eleven(세븐은행)', 'aeon atm(이온)', 'yuucho atm(우체국)'을 입력하면 찾을 수 있다.

통신수단

로밍 서비스

현재 사용하는 통신사에서 로밍 서비스를 신청해 이용하는 것이다. 기간을 지정해 데이터를 무제한 사용할 수 있는 것으로 하루 9,900~1만 1,000원의 비용이 든다. 서비스는 SKT, KT, LG U+ 모두 실시 중이며 일부 알뜰폰에서도 신청할 수 있다.

포켓 와이파이

휴대용 와이파이 단말기를 뜻하는 말로 스마트폰 크기의 기기를 소지하면서 와이파이를 무제한 사용할 수 있는 서비스. 저렴한 가격에 여러 명 혹은 여러 대의 기기가 하나의 포켓 와이파이에 동시 접속이 가능하다는 것이 강점으로 꼽힌다. 하지만 여행 최소 1주일 전에 예약을 해야 하고 임대 기기를 수령하고 반납해야 하는 단점이 있다. 또 기기를 항시 소지하며 배터리 문제를 신경 써야 하는 점도 유의할 필요가 있다.

심카드

일본 국내 전용 유심칩(심카드, SIM Card)을 구입하는 것이다. 기존의 한국 유심칩이 끼워진 자리에 일본 전용 유심칩을 끼우고 사용설명서대로 설정을 하면 손쉽게 데이터를 이용할 수 있는 시스템이다. 온라인에서 판매하는 심카드는 보통 5~8일간 기준 1GB·2GB의 데이터는 5G·4G 속도로, 나머지는 3G 속도로 무제한 이용할 수 있는 것이 일반적이다. 최근에는 유심칩을 별도로 끼우지 않아도 데이터 이용이 가능한 eSIM도 새롭게 등장했다. 온라인에서 상품을 구매한 다음 판매사에서 발송된 QR코드 또는 입력 정보를 통해 설치 후 바로 개통되는 시스템이다. 판매사에 기재된 방법대로 연결해야 하지만 그다지 어렵지는 않다. 단, 설치 시 인터넷이 연결된 환경에서만 개통 가능한 점을 명심하자. eSIM 사용이 가능한 단말기 기종이 한정적인 점도 아쉬운 부분이다. 유심과 eSIM은 일본에서도 구입 가능하나 여행 전 국내 여행사나 소셜커머스에서 구입하면 더욱 저렴하다.

ACCESS
간사이국제공항 입국 정보

간사이 지역을 대표하는 간사이국제공항은 오사카만 인공섬에 세워진 해상 공항으로 제1터미널과 제2터미널로 나뉜다. 제주항공과 피치항공은 제2터미널, 이를 제외한 모든 항공사는 제1터미널로 도착한다.

1. 입국! Welcome to 교토

간사이국제공항 関西国際空港

오사카 시내 중심가에서 남서쪽으로 약 40km 떨어진 이즈미사노(泉佐野)시에 있는 국제공항으로, 교토가 속한 간사이 지역의 관문으로서 일본 국내는 물론이고 세계 각국의 국제선 거점으로도 중요한 위치를 지니고 있다. 제1터미널과 제2터미널로 되어 있으며, 제주항공과 피치항공을 제외한 대한항공, 아시아나항공, 일본항공, 전일본공수, 티웨이항공, 에어부산, 진에어, 에어서울 등의 항공사는 제1터미널에서 출발, 도착한다.

> **Tip** 터미널을 확인하자
>
> 인천, 김포, 김해 출발/도착 제주항공과 피치항공 탑승자는 제2터미널을 이용해야 한다. 제1터미널과 제2터미널 구간을 4, 5분 간격으로 운행하는 무료 셔틀버스가 있으므로 약 10분 정도면 이동이 가능하다. 제2터미널 출입구 오른편에는 리무진버스 정류장이, 왼편에는 셔틀버스 정류장이 있으므로 헷갈리지 않도록 하자.
>
>

입국 절차

검역
⬇
입국 심사
⬇
수하물 찾기
⬇
세관 검사
⬇
입국 게이트 도착

Visit Japan Web(VJW)

2023년 4월 29일부터 입국 심사, 세관 신고의 정보를 온라인을 통해 미리 등록하여 각 수속을 QR코드로 대체하는 'Visit Japan Web' 서비스를 실시하고 있다. 입국 전 웹사이트에서 계정을 만들고 정보를 등록하면 된다. 탑승편 도착 예정 시각 6시간 전까지 절차를 완료하지 않았다면 서비스를 이용할 수 없으므로 주의하자. 일본 입국 당일 수속 시 QR코드를 제출하면 된다.

홈페이지 www.vjw.digital.go.jp (한국어 지원)

> **Tip** 백신 접종 여부
>
> 2023년 4월 29일부터 백신 접종 유무와 상관없이 일본에 입국이 가능하다. 따라서 이후에 입국할 예정인 여행자는 Visit Japan Web 등록 시 백신 접종 증명서와 출국 전 72시간 이내 PCR 음성 증명서를 제출할 필요가 없다.
>
>

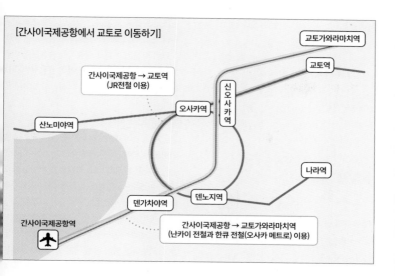

[간사이국제공항에서 교토로 이동하기]

교토가와라치역

교토역

신오사카역

간사이국제공항 → 교토역
(JR전철 이용)

오사카역

산노미야역

나라역

덴가차야역

덴노지역

간사이국제공항역

간사이국제공항 → 교토가와라마치역
(난카이 전철과 한큐 전철(오사카 메트로) 이용)

2. 간사이국제공항에서 교토 시내로 들어가기

JR전철
간사이국제공항
(関西空港)역

JR전철
교토(京都)역

① JR전철 특급 하루카 JR 特急はるか

교토역까지 가장 빠르게 도달할 수 있는 교통수단. JR전철 간사이국제공항역을 출발하는 열차는 오사카에서 한 번 환승해야 하는 쾌속열차(関空快速)와 교토까지 직행으로 이동하는 특급열차 하루카(はるか) 두 종류가 있는데, 한국인을 포함한 외국인 단기 여행자는 특급열차를 저렴하게 이용할 수 있는 알뜰티켓이 있으므로 하루카를 타는 것이 이득이다. 알뜰티켓은 1,500엔까지가 충전되어 있는 교통카드가 포함된 이코카&하루카(ICOCA & HARUKA)와 하루카 할인권이 있다. 두 티켓 모두 하루카 지정석을 무료로 계약하여 이용할 수 있으니 참고하자.

[이용 가능 교통 패스] 이코카&하루카, 하루카 특급열차 할인권

[추천 이용자] 교토역 인근에 숙소가 있는 여행자, 교토역을 기점으로 하는 버스 이용자, 교토역 주변 관광명소

방문객, 교토까지 빠른 이동을 원하는 자.

요금 [이코카&하루카] 편도 ￥3,800, 왕복 ￥5,600, [하루카 특급열차] 할인권 ￥1,800 소요시간 1시간 20분 구매처 한국 국내 온라인 여행사 또는 여행상품 플랫폼, 일본 JR전철 간사이국제공항 홈페이지 티켓 매표소 www.westjr.co.jp/global/kr/ticket/icoca-haruka

② 난카이 전철과 한큐 전철

난카이(南海) 전철
간사이국제공항
(関西空港)역

오사카 메트로
(Osaka Metro)
덴가차야
(天下茶屋)역

한큐(阪急) 전철
교토가와라마치
(京都河原町)역

난카이 전철 간사이국제공항역을 출발해 덴가차야역에서 오사카 메트로 덴가차야역으로 환승하여 한큐 전철 교토가와라마치역까지 이어지는 연결편을 이용하는 방법이다. 교토 중심가에 위치하는 한큐 전철 주요 역 주변에 정차할 경우 편리하다. 단, 중간에 한 번 환승해야 한다. 간사이 스루패스 소지자는 이용 가능하며, 일반 운임보다 ￥380보다 저렴하게 이용할 수 있는 할인 티켓 '교토 액세스 티켓(京都アクセスきっぷ)'도 있으니 적극 활용해보자.

[이용 가능 교통 패스] 교토 액세스 티켓, 간사이 스루패스

[추천 이용자] 한큐(阪急) 전철 교토가와라마치(京都河原町)역, 가라스마(烏丸)역, 오미야(大宮)역, 아라시야마(嵐山)역 인근에 숙소 또는 목적지가 있는 여행자.

요금 편도 ¥1,250 **소요시간** 약 2시간 10분(교토가와라마치역 기준) **구매처** 난카이 전철 간사이국제공항역 **홈페이지** 티켓 매매소 www.howto-osaka.com/kr/ticket/counter-kyoto

③ 리무진 버스

간사이국제공항 제2터미널 (2번 정류장) → 제1터미널 (8번 정류장) → 교토역

짐이 많거나 교토역 부근에 정차할 경우 이용하면 편리하다. 간사이국제공항 제2터미널에서 출발해 제1터미널을 거쳐 교토역(京都駅)에 정차한다. 티켓은 성인 기준 편도는 ¥2,800이지만 왕복으로 구입하면 ¥4,600으로 보다 저렴하다.

[추천 이용자] 교토역 인근에 숙소가 있는 여행자, 교토역을 기점으로 하는 버스 이용자, 교토역 주변 관광명소 방문객, 짐이 많은 여행자.

운행시간 제1터미널 06:50~23:05 제2터미널 09:47~22:52 **요금** ¥2,800 **소요시간** 약 1시간 40분 **구매처** 정류장 부근 **홈페이지** 티켓 매매소 www.kate.co.jp/kr

3. 도시별 이동하기

① 교토의 교통 사정

일본은 일찍이 국가가 소유하던 국철이 민영화되고 한국과 달리 사기업이 철도를 운영하는 사철을 법적으로 허용하고 있다. 따라서 한 지역 내에서 운행하는 철도 수가 많아 매우 복잡한 구조로 되어 있는데, 이는 간사이 지역도 예외 없이 적용된다. 간사이 전 지역에 철도를 운행하는 회사만도 28업체나 되며 노선은 무려 110개에 달한다. 교토는 버스를 주로 이용한다고는 하나 JR전철, 지하철, 한큐 전철, 게이한 전철, 긴테쓰 전철 등 열차들이 거미줄처럼 얽히고설킨 노선도를 처음 본다면 적잖이 당황스러울 것이다. 모든 철도와 노선을 파악하는 것은 어려우므로 자신이 여행할 여행지를 중심으로 어떤 노선이 운행되는지, 어떤 동선이 효율적인지 미리 숙지하자.

② 교통패스 적극 활용

일정과 동선이 대략 정해졌다면 교통패스를 알아보도록 하자. 일본은 교통비가 비싼 나라로 유명하지만 경우에 따라 저렴하고 편리하게 이용할 수 있는 교통패스 상품이 다양하게 구비되어 있다. 이동할 때마다 일일이 티켓을 구입해야 하는 번거로움이 없고 가격 또한 저렴하여 여행자에게는 더할 나위 없이 편리하다. 일본 현지보다는 출발 전 한국의 여행사나 온라인 쇼핑몰에서 교통패스를 구입하여 떠나는 여행자가 일반적이다. 일본 현지보다 약 5~15% 저렴한 편이며 구입 시 일본어 의사소통에 부담을 느낄 필요도 없기 때문이다. 단, 여행 직전에 구매 가능한 상품이 한정적이고 날짜를 지정해야 하는 점을 유의해야 한다.

③ 주요 도시 이동수단

교토 ↔ 오사카

오사카와 교토를 잇는 전철로는 JR, 한큐(阪急), 게이한(京阪), 긴테쓰(近鉄)가 있다. 전철별로 주요 승하차역이 다르므로 숙소와 일정을 고려하여 전철을 선택하도록 하자. 간사이 스루패스(KANSAI THRU PASS)를 구입했다면 추가 요금 없이 한큐와 게이한 전철을 이용할 수 있으며, JR패스 소지자라면 JR전철을 이용하면 된다.

교토 ↔ 고베

교토와 고베 간의 이동수단으로는 JR전철을 추천한다. 교토와 고베의 주요 역인 교토(京都)역과 산노미야(三ノ宮)역을 오가기 때문에 편리하다. 한큐(阪急)전철을 이용하면 JR전철 운임의 절반 가격으로 이동할 수 있지만, 도중 오사카 주소(十三)역에서 환승해야 하는 단점이 있다.

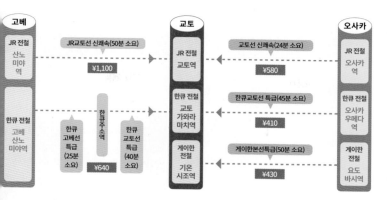

【교토 ↔ 오사카】

이용 노선	오사카 승하차역	교토 승하차역	전철 종류	소요시간	요금
JR전철	신오사카 (新大阪)	교토(京都)	신칸센(新幹線)	14분	¥1,450
			신쾌속(新快速)	24분	¥580
			쾌속(快速)	37분	
			보통(普通)	42분	
	오사카(大阪)		신쾌속(新快速)	29분	¥580
			쾌속(快速)	43분	
			보통(普通)	47분	
한큐전철	오사카우메다 (大阪梅田)	교토가와라마치 (京都河原町)	특급(特急)	43분	¥410
			준특급(準急)	1시간 2분	
게이한전철	요도야바시 (淀屋橋)	기온시조 (祇園四条)	특급(特急)	48분	¥430
			쾌속급행(快速急行)	54분	

【교토 ↔ 고베】

이용 노선	고베 승하차역	교토 승하차역	전철 종류	소요시간	요금
JR전철	신고베(新神戸)	교토(京都)	신칸센	29분	¥2,870
	산노미야 (三ノ宮)		신쾌속(新快速)	52분	¥1,110
			쾌속(快速)	1시간 10분	
한큐전철	고베산노미야 (神戸三宮)	교토가와라마치 (京都河原町)	특급(特急)	65분	¥640

Tip 관광열차 타고 이동하기

한큐(阪急)전철의 오사카우메다역과 교토가와라마치역 구간에 한해 토요일·일요일·공휴일에 일부 열차는 별도 예약과 추가 요금 없이 이용 가능한 관광열차 '교트레인 가라쿠(京とれいん 雅洛)'로 운행한다. 홈페이지에서 시간표를 확인 후 이용해보자.
홈페이지 www.hankyu.co.jp/kyotrain-garaku

교토 ↔ 나라

교토와 나라 간의 이동수단으로는 JR전철과 긴 테쓰(近鉄)전철이 있는데 어느 한쪽이 정답이라고 할 수 없을 정도로 뚜렷한 장점이 없다. 긴테쓰 전철의 특급열차는 소요시간이 짧고 지정석에 앉아 편하게 이동할 수 있지만 일반 요금에 지정석 요금을 추가로 내야 한다. 간사이스루패스에는 지정석 요금이 포함되어 있지 않으므로 소지자 역시 추가 요금을 내야 한다.

[교토 ↔ 나라]

이용 노선	나라 승하차역	교토 승하차역	전철 종류	소요시간	요금
JR전철	나라(奈良)	교토(京都)	쾌속(快速)	44분	¥720
			보통(普通)	65분	
긴테쓰전철	긴테쓰나라 (近鉄奈良)	긴테쓰교토 (近鉄京都)	특급(特急)	34분	¥1,020
			급행(急行)	50분	¥760

TRANSPORTATION
지역 교통 정보

버스

교토 시내를 이동하기에 가장 편리하고 저렴한 교통수단이다. 기요미즈데라, 은각사, 금각사, 아라시야마 등 웬만한 관광 명소는 버스로 이동할 수 있을 정도로 교토 구석구석을 누빈다. 1회 승차 요금은 ¥230으로 비싼 편이지만 온종일 무제한으로 이용할 수 있는 ¥700짜리 교토 버스 1일 승차권을 이용하면 4회 이상 탑승 시 저렴하게 돌아볼 수 있다. 단, 버스 이용객이 포화 상태에 이르러 승차까지 대기시간이 길거나 버스 내부가 혼잡하다는 단점이 있으며, 출퇴근시간에 맞물리면 예상 도착 시각보다 늦어지는 경우도 있다. 짧은 시간 안에 잦은 이동이 이루어져야 한다면 지하철과 함께 이용하도록 하자.

요금 성인 ¥230, 어린이 ¥120, 버스 1일 승차권 ¥700, 버스+지하철 1일 승차권 ¥1,100 **WEB** www.city.kyoto.lg.jp/kotsu

지하철과 전철

지하철은 교토 시내 남북을 오가는 가라스마(烏丸)선, 동서를 가로지르는 도자이(東西)선의 두 노선이 있다. 전철은 JR, 게이한(京阪), 한큐(阪急), 게이후쿠(京福), 긴테쓰(近鉄), 사가노도롯코열차(嵯峨野トロッコ) 등이 운행 중이다. 교토는 버스 노선이 잘 되어 있어 지하철과 전철을 이용할 기회가 없을 수도 있다. 하지만 출퇴근시간 정체구간이 늘어날 때는 버스보다는 정시간에 출발하고 도착하는 지하철과 전철을 이용하는 편이 좋다.

요금 [지하철] 성인 ¥220~, 어린이 ¥110~ [전철] 성인 ¥140~, 어린이 ¥70~ **운행시간** 05:25~24:20(교토역 기준)

택시 タクシー

일본의 택시는 손을 들어 정차하면 저절로 문이 열리는 자동문 시스템이다. 한국의 카카오택시와 우티 애플리케이션을 통해 교토의 배차 서비스 이용이 가능하며, 보통 택시보다 요금이 저렴하다.

+Plus 교토 버스, 이것만 알면 걱정 없어요

교토 시내 구석구석을 오가는 버스는 교토시영버스(京都市バス), 교토버스(京都バス), 게이한버스
(京阪バス), JR버스(JRバス) 등 다양한 종류가 있다. 이 중 여행자가 가장 많이 이용하는 버스는 교토
시영버스로, 시내 중심가를 순환하는 일반 버스와 관광지 위주로 다니는 라쿠버스(洛バス, 현재 운휴
중), 중심가를 벗어나는 외곽까지 운행하는 다구간 버스로 구성되어 있다.

1. 교토버스 승하차 위치

버스는 뒷문으로 승차하여 앞문으로 하차하면서 요금을 낸다.

하차 출구　　승차 입구

2. 버스 번호 읽는 법

운행
거리명

행선지

버스
번호

노선 컬러로 알아보는 주요 행선지

- 니시오지(西大路通) : 금각사
- 히가시야마(東山通) : 야사카신사, 헤이안진구
- 센본도오리·오미야(千本通·大宮通) : 다이카쿠지
- 가와라마치(河原町通) : 가와라마치 상점가, 가모강
- 호리카와(堀川通) : 니조조
- 시라카와(白川通) : 은각사

3. 버스 시각표 읽는 방법

운행 거리명

행선지

평일 / 토요일
일요일 · 공휴일

행선지

4. 버스 위치 확인 방법

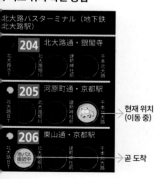

현재 위치
(이동 중)

곧 도착

Tip 교토역 앞 버스 정류장
주요 승강장 안내

- A정류장 : 은각사, 헤이안진구, 가와라마
  치, 시모가모 신사, 가미가모 신사
- B정류장 : 금각사, 니조조, 기타노텐만구,
  니시혼간지, 교토철도박물관
- C정류장 : 아라시야마, 오하라, 도오지,
  후시미이나리, 조난구
- D정류장 : 기요미즈데라, 기온, 야사카 신
  사, 은각사, 도후쿠지, 닌나지

+Plus 추천! 교토 교통패스

비싼 가격으로 인해 경비의 많은 부분을 차지하는 교통비는 교통패스를 통해 절약할 수 있다. 또한
패스 소지만으로도 각종 관광명소를 무료로 입장할 수 있어 상당 부분 지출을 줄일 수 있다. 교토 현
지보다 한국 온라인에서 저렴하고 편리하게 구매 가능하므로 미리 준비하도록 하자.

[교토 여행에 편리한 주요 교통패스]

교통 패스명		교토 버스 1일 승차권	교토 지하철 1일 승차권	교토 지하철 버스 1일 승차권	간사이 스루패스	버스 에이덴 구라마·기부네 당일치기 패스
요금		¥700	¥800	¥1,100	¥4,380	¥2,000
사용 가능	교토시영 버스	○	X	◎	◎	◎
	교토 버스	○	X	○	◎	○
	JR버스	○	X	○	◎	X
	게이한 버스	X	X	○	◎	X
	지하철	X	◎	◎	◎	X
	란덴	X	X	X	○	X
	JR전철	X	X	X	○	X
	한큐전철	X	X	X	○	X
	게이한 전철	X	X	X	○	○
	긴테쓰 전철	X	X	X	○	X
	에이잔 전철	X	X	X	○	X
	사가노 토롯코 열차	X	X	X	X	X
참고 사항		¥230 구간만 사용 가능, 4회 이상 이용 시 이득	4번 이상 이용 시 이득	오하라(大原) 이동 시 용이	간사이 전 지역 여행 시 추천, 전철은 일부 종류 이용 불가	하루 동안 넓은 범위로 관광 시 추천

○ : 일부 구간 사용 불가 ◎ : 모든 구간 사용 가능 X : 모든 구간 사용 불가
※ 교토 버스 1일 승차권은 2023년 9월 판매를 중지하며, 2024년 3월 말을 끝으로 사용할 수 없으므로 참고한다.

1. 교토버스 1일 승차권(バス1日券), 교토지하철버스 1일 승차권(地下鉄・バス1日券)

교토 시내를 오가는 버스를 하루 동안 무제한 이용할 수 있는 '교토버스 1일 승차권'과 교토버스와 교토시영지하철을 무제한 승차할 수 있는 '교토지하철버스 1일 승차권' 두 종류가 있다. 아라시야마(嵐山)를 포함한 교토의 주요 명소를 둘러볼 예정이라면 교토버스 1일 승차권으로 충분하다. 오하라(大原)를 방문할 여행자는 교토지하철버스 1일 승차권을 이용해야 한다. 아쉽게도 교토버스 1일 승차권은 2024년 3월 31일을 끝으로 이용 종료되니 참고한다(판매 종료는 2023년 9월 30일).

교토 지하철 버스 1일 승차권

홈페이지 교토버스 1일 승차권 www.city.kyoto.lg.jp/kotsu/page/0000028337.html, 교토지하철버스 1일 승차권 oneday-pass.kyoto

교토버스 1일 승차권

종류	가격	이용 방법
교토버스 1일 승차권	성인 ¥700, 어린이 ¥350	교토 시내버스
교토지하철버스 1일 승차권	성인 ¥1,100, 어린이 ¥550	교토 시내버스, 시영지하철

2. 한큐 투어리스트 패스(Hankyu Tourist Pass), 게이한 관광 승차권(Keihan Sightseeing Pass), 긴테쓰 레일 패스(Kintetsu Rail Pass)

교토와 오사카, 고베를 잇는 한큐(阪急) 전철의 전 노선을 무제한 승차할 수 있는 '한큐 투어리스트 패스'와 교토와 오사카를 잇는 게이한(京阪) 전철을 무제한 승차할 수 있는 '게이한 관광 승차권', 교토와 나라, 오사카, 나고야를 잇는 긴테쓰(近鉄) 전철을 연속 1~5일 동안 자유롭게 이용할 수 있는 '긴테쓰 레일 패스'가 있다.

한큐 투어리스트 패스

홈페이지 한큐전철 www.hankyu.co.jp/global/kr, 게이한전철 www.keihan.co.jp/travel/kr, 긴테쓰 전철 www.kintetsu.co.jp/foreign/korean/ticket

긴테쓰 레일 패스

종류	가격	이용 범위
한큐 투어리스트 패스	1일 ¥700, 2일 ¥1,200	교토·오사카·고베의 한큐 전철 전 노선 무제한 승차
게이한 관광 승차권	교토·오사카 1일 ¥1,000, 2일 ¥1,500, 교토 1일 ¥700	교토·오사카 또는 교토의 게이한 전철 전 노선 무제한 승차
긴테쓰 레일 패스	1일 ¥1,500, 5일 ¥3,700 (한국 구매 기준)	교토·오사카·나라·나고야의 긴테쓰 전철 1~5일 연속 사용 가능

게이한 관광 승차권

3. 교토 지하철 1일 승차권(京都地下鉄1日券)

교토 시내 남북을 오가는 교토 지하철을 하루 동안 자유롭게 승하차할 수 있는 승차권. 지하철 가라스마(烏丸)선과 도자이(東西)선의 전 구간을 이용할 수 있다. 가격은 성인 ¥800, 어린이 ¥400이다. 이용 당일 니조조 입장권 ¥100 할인(어린이는 대상 제외), 교토 국제 만화 박물관과 교토시 교세라 미술관 상설전 단체 금액으로 할인, 교토 철도 박물관 기념품 증정 등의 혜택도 주어진다.

홈페이지 www.city.kyoto.lg.jp/kotsu/page/0000028376.html

4. 이코카&하루카(ICOCA&HARUKA), 하루카 특급열차 할인권

이코카&하루카는 JR전철, 시영지하철, 전철, 버스 등의 교통수단과 기타 쇼핑시설에서 사용할 수 있는 교통카드 이코카(ICOCA), JR전철 간사이국제공항과 교토역을 잇는 특급열차 하루카(はるか)의 할인 티켓을 결합한 세트 티켓이다. 이코카는 보증금 ¥500을 포함한 ¥2,000의 전자화폐로 이루어져 있으며 하루카의 할인 티켓은 간사이국제공항에서 덴노지, 오사카, 신오사카를 거쳐 교토로 이동할 수 있다. 이코카 소지자 또는 이코카 없이 하루카 특급열차만을 이용할 여행자는 하루카 특급열차 할인권을 구매하면 된다.

홈페이지 www.westjr.co.jp/global/kr/ticket/icoca-haruka

종류	가격		이용 범위
ICOCA&하루카	왕복 ¥5,600	편도 ¥3,800	JR전철, 시영지하철, 전철, 버스, 쇼핑 등에 충전된 금액(¥1,500)만큼 사용 가능, 하루카(공항특급열차) 할인 티켓
하루카 특급열차 할인권	왕복 ¥3,600	편도 ¥1,800	JR전철 간사이국제공항역과 교토역 하루카 할인 티켓

5. 간사이 스루패스(スルッとKANSAI, KANSAI THRU PASS)

JR전철을 제외한 주요 전철 및 간사이 전 지역의 지하철, 버스를 자유롭게 이용할 수 있는 패스다. 2일권과 3일권의 두 종류가 있으며, 연일 사용이 아니라 유효기간 내에 날짜를 선택하여 사용할 수 있다. 1일 카운트는 처음 사용한 시간에서부터 24시간이 아닌 개시한 일자의 첫차부터 막차까지 기준으로 계산된다. 교통 이외에도 입장권 할인이나 기념품 증정 등 노선 주변 관광시설의 특전 혜택이 주어진다. 일본 내에서도 구입할 수 있으나 국내 온라인 여행사나 여행상품 판매 플랫폼이 더욱 저렴하다.

홈페이지 www.surutto.com/tickets/kansai_thru_korea.html

종류	가격	이용 범위
2일권	성인 ¥4,380, 어린이 ¥2,190	간사이 전 지역의 지하철, 전철, 버스 (JR전철 제외)
3일권	성인 ¥5,400, 어린이 ¥2,700	

*어린이는 초등학생

6. 간사이 어리어 패스(関西エリアパス, KANSAI AREA PASS)

간사이국제공항에서 오사카, 교토, 고베, 나라, 히메지, 와카야마, 시가까지 주요 지역을 망라하는 승차권으로 공항 특급열차인 하루카(はるか)의 자유석 및 JR전철의 쾌속과 보통열차를 자유롭게 이용할 수 있다. 1~4일권의 총 네 종류로 나뉘며 2~4일권은 연속 사용해야 한다. 한국에서 미리 구입해가는 것이 조금 더 저렴하다.

홈페이지 www.westjr.co.jp/global/en/ticket/pass/kansai

종류	요금	이용 범위
1일권	성인 ¥2,400, 어린이 ¥1,200	오사카, 교토, 고베, 나라, 히메지, 와카야마, 시가 지역의 하루카(공항 특급열차) 자유석, JR전철 쾌속 및 보통 열차
2일권	성인 ¥4,600, 어린이 ¥2,300	
3일권	성인 ¥5,600, 어린이 ¥2,800	
4일권	성인 ¥6,800, 어린이 ¥3,400	

*성인 12세 이상, 어린이 6~11세, 5세 이하 2명까지 무료 동반 탑승

7. 간사이 원 패스(KANSAI ONE PASS)

일본을 방문한 단기 체류 외국인 관광객을 대상으로 한 교통 IC 카드. 교토, 오사카, 고베, 나라 등 간사이 지역의 주요 교통수단을 카드 한 장으로 이용 가능하며, 유효기간이 없어 언제든지 이용할 수 있다. 교토 이세탄 백화점을 비롯해 간사이 지역 150군데의 쇼핑 시설과 니조조, 교토 국제 만화 박물관 등 관광 명소에서 우대 특전을 받을 수 있다.

요금 ¥3,000(보증금 ¥500 포함) 홈페이지 kansaionepass.com/ko

8. 버스 에이덴 구라마·기부네 당일치기 패스(バス&えいでん 鞍馬·貴船日帰りきっぷ)

교토시영버스, 교토버스, 게이한(京阪) 전철, 에이잔(叡山) 전철을 하루 동안 무제한 승하차 가능한 교통 패스. 교토의 역사와 문화를 만끽할 수 있는 명소가 자리하는 구라마(鞍馬), 기부네(貴船), 오하라(大原) 등의 지역을 하루 만에 돌아보려는 이용자에게 추천한다. 기후네 신사(貴船神社) 기념품 증정을 비롯해 기부네(貴船), 이치조지(一乗寺), 데마치야나기(出町柳) 지역 음식점 서비스 등 다양한 특전이 주어진다. 성인권만 판매하며, 가격은 ¥2,000이다.

홈페이지 www.city.kyoto.lg.jp/kotsu/page/0000197857.html

9. 교토 지하철·란덴 1일 승차권(京都地下鉄·嵐電1dayチケット)

교토지하철 전 노선과 란덴 전 노선을 하루 동안 자유롭게 승하차할 수 있는 승차권. 교토 전 지역을 하루만에 둘러볼 예정이라면 추천한다. 교토지하철과 란덴 각 역사에서 구입 가능하며, 가격은 ¥1,300이다.

홈페이지 www.city.kyoto.lg.jp/kotsu/page/0000034406.html

교토 지하철·란덴
1일 승차권

일정별 교토 추천 일정

짧고 굵게 돌아보는 1박 2일 코스

교토의 대표적인 명소를 따라 한바퀴 쭉 둘러보는 코스. 교토역을 시작으로 후시미이나리타이샤, 기요
미즈데라, 은각사, 금각사, 아라시야마까지 부지런히 움직인다면 이틀만에 다 돌아보는 것도 무리는 ㅇ
니다.

일수	일정 내용
1 DAY	교토역(P.84) → 후시미이나리타이샤(P.91) → 기요미즈데라(P.52) → 은각사(P.68) → 철학의 길(P.69) → 니시키 시장(P.64) → 가와라마치 상점가(P.126)
2 DAY	금각사(P.76) → 료안지(P.76) → 사가노지쿠린길(P.95) → 덴류지(P.96)

니시키 시장

은각사

금각사

정통 명소를 둘러보는 2박 3일 코스

짧은 일정이지만 교토 시내 전체에 흩어져 있는 관광 명소를 차례대로 다니는 코스. 첫 날은 기요미즈데
라와 은각사 주변을, 둘째날은 금각사와 니조조 지역, 마지막 날은 아라시야마와 교토역 등 하루에 투
지역을 들러 해당 지역의 핵심 명소를 충분히 즐기는 시간을 가지도록 한다.

일수	일정 내용
1 DAY	기요미즈데라(P.52) → 산넨자카·니넨자카(P.55) → 호칸지(P.54) → 난젠지(P.74) → 은각사(P.68)
2 DAY	금각사(P.76) → 기타노텐만구(P.78) → 니조조(P.82) → 가와라마치 상점가(P.126) → 니시키 시장(P.64) → 폰토초(P.63)
3 DAY	도게쓰교(P.94) → 노노미야 신사(P.97) → 사가노지쿠린길(P.95) → 덴류지(P.96) → 교토역(P.84) → 후시미이나리타이샤(P.91)

산넨자카

폰토초

후시미이나리타이

교토의 새로운 면을 들여다보는 2박 3일 코스

교토의 정통 명소와 더불어 새로운 재미와 즐거움을 선사하는 명소도 함께 둘러보는 코스. 시간적 여유가 없어 핵심만 둘러보는 외국인 여행자의 일반적인 관광 코스가 아닌 현지인 감각으로도 교토를 즐기면서 도시의 다양한 매력을 느낄 수 있다.

일수	일정 내용
1 DAY	가미가모 신사(P.79) → 가모가와 델타(P.80) → 가모강(P.66) → 교토 국제 만화 박물관(P.81) → 신푸칸(P.129) → 교토BAL(P.129) → 가와라마치 상점가(P.126)
2 DAY	산젠인(P.102) → 호센인(P.102) → 쇼린인(P.103) → 루리코인(P.105) → 엔코지(P.75)
3 DAY	산토리 맥주 교토 공장(P.105) → 조난구(P.93) → 후시미이나리타이샤(P.91) → 도오지(P.88) → 교토 타워(P.85) → 교토역(P.84)

가모강

루리코인

교토의 다채로운 모습을 만끽하는 3박 4일 코스

교토의 주요 관광 명소를 여유를 느끼며 모두 돌아보는 만끽 코스. 교토에 온전히 모든 시간을 투자하는 만큼 교토의 전 지역을 찬찬히 둘러보도록 한다. 관광객이 반드시 방문하는 핵심 명소와 두 번 이상 방문한 이력이 있는 여행자의 추천 명소를 골고루 즐길 수 있다.

일수	일정 내용
1 DAY	기요미즈데라(P.52) → 산넨자카·니넨자카(P.55) → 호칸지(P.54) → 야사카코신도(P.58) → 기온(P.50) → 야사카 신사(P.61) → 가모강(P.66) → 니시키 시장(P.64) → 가와라마치 상점가(P.126)
2 DAY	도게쓰교(P.94) → 사가노지쿠린길(P.95) → 노노미야 신사(P.97) → 덴류지(P.96) → 닌나지(P.77) → 료안지(P.76) → 금각사(P.76)
3 DAY	은각사(P.68) → 철학의 길(P.65) → 난젠지(P.74) → 게아게 인클라인(P.72) → 오카자키 공원(P.73) → 신쿄고쿠 상점가(P.127) → 데라마치쿄고쿠 상점가(P.127)
4 DAY	후시미이나리타이샤(P.91) → 도후쿠지(P.90) → 고묘인(P.92) → 교토 타워(P.85) → 교토역(P.84)

구역별 교토 추천 일정

교토 하루 핵심 코스

교토의 굵직한 명소를 하루 만에 둘러보는 코스다. 모든 일정 소화를 위해 이른 아침부터 움직일 것을 권장한다. 교토역에서 가장 인접한 후시미이나리타이샤를 들른 다음 기요미즈데라, 기온거리, 은각사, 철학의 길 순으로 관광한다. 교토시를 대표하는 번화가 가와라마치 부근에서 저녁을 먹고 야경을 즐기는 것으로 일정을 마무리한다.

소요 시간	일정 내용
8시간	교토역(P.84) → 후시미이나리타이샤(P.91) → 기요미즈데라(P.52) → 기온(P.50) → 은각사(P.68) → 철학의 길(P.69) → 니시키 시장(P.64) → 가와라마치 상점가(P.126) → 폰토초(P.63)

기요미즈데라·기온

우선 핵심 명소인 기요미즈데라에서 일정을 시작하자. 절을 둘러보고 나오면 이어지는 산네자카와 니넨자카에서 쇼핑을 즐기거나 끼니를 해결한 다음, 근처에 위치한 고다이지와 걷기 좋은 거리를 산책하면 자연스레 기온 지역으로 이어진다. 하나미코지, 니시키시장, 가와라마치 상점가 등 관광지를 순서대로 둘러보다 보면 어느새 저녁이 되어 있을 것이다.

소요 시간	일정 내용
7시간	기요미즈데라(P.52) → 산네자카·니넨자카(P.55) → 고다이지(P.56) → 네네의 길·이시베코지(P.56, P.57) → 호칸지(P.54) → 하나미코지 거리(P.60) → 니시키 시장 (P.64) → 가와라마치 상점가(P.126)

은각사

교토의 핵심 명소인 은각사와 계절과 관계없이 사계절 내내 아름다운 철학의 길을 시작으로 아름다운 은각사의 풍경에 흠뻑 빠져보자. 이 부근 명소들은 시즌마다 다채로운 모습으로 관광객을 맞이한다. 벚꽃이 흩날리는 봄철에는 오카자키 공원과 헤이안진구를, 단풍으로 물드는 가을철에는 에이칸도젠린지와 난젠지를 반드시 방문하자.

소요 시간	일정 내용
6시간	은각사(P.68) → 철학의 길(P.69) → 오카자키 공원(P.73) → 헤이안진구(P.72) → 에이칸도젠린지(P.71) → 난젠지(P.74)

금각사·니조조

금각사와 니조조는 다른 지역에 비해서는 서로 가깝지만 버스를 타면 기본 30분이 소요되므로 많은 시간을 필요로 한다. 어느 한쪽을 선택해야만 하는 여행자가 대부분일 것으로 예상되어 각 지역별로 나누어 소개한다.

소요 시간	일정 내용	
5시간	금각사	겐코앙(P.78) → 금각사(P.76) → 료안지(P.76) → 닌나지(P.77) → 기타노텐만구(P.78)
	니조조	니조조(P.82) → 교토만화박물관(P.81) → 교토고쇼(P.81) → 시모가모 신사(P.80) → 가모가와 델타(P.80)

겐코앙

니조조

가모가와 델타

교토역

교토역에서 전철로 이동하여 외국인 관광객에게 가장 인기가 높은 교토 명소 후시미이나리타이샤와 독특한 정원 스타일을 엿볼 수 있는 도후쿠지를 둘러본다. 버스를 타고 유네스코 세계문화유산인 도오지와 니시혼간지를 차례대로 방문한 다음 교토역 앞에 위치한 교토타워에서 전경을 감상하는 것으로 일정을 마무리 짓는다.

소요 시간	일정 내용
5시간	교토역(P.84) → 후시미이나리타이샤(P.91) → 도후쿠지(P.90) → 도오지(P.88) → 니시혼간지(P.87) → 교토 타워(P.85)

아라시야마

아라시야마에 도착했을 때 먼저 눈에 들어오는 도게쓰교와 아라시야마 공원에서 시간을 보낸 다음 반드시 방문해야 할 대나무숲과 노노미야 신사, 덴류지와 같은 역사적인 명소도 함께 둘러보도록 한다. 란덴, 도롯코 열차, 호즈강 유람선 등 아라시야마의 풍경을 찬찬히 감상할 수 있는 교통수단도 이용해 보자.

소요 시간	일정 내용
3시간	도게쓰교(P.94) → 아라시야마 공원(P.95) → 사가노지쿠린길(P.95) → 노노미야 신사(P.97) → 덴류지(P.96) → 란덴(P.100)

지역별 여행 정보

LOCATION
교토 한눈에 보기

기요미즈데라 · 기온
清水寺 · 祇園

기요미즈데라를 중심으로 한 교토 여행의 핵심 지역으로 히가시야마라 부르기도 한다. 일본 옛 도읍의 정취를 느낄 수 있는 사찰과 거리가 모여 있어 가장 교토다운 지역으로 꼽는다. 볼거리를 비롯해 맛집과 쇼핑 등 여행자가 원하는 즐길 거리를 모두 충족할 수 있는 몇 안 되는 번화가도 기요미즈데라를 중심으로 자리한다.

은각사
銀閣寺

기요미즈데라가 있는 히가시야마 지역과 □가지로 교토 동부에 속한 지역으로, 은각사를 중심으로 남북 곳곳에 유명 관광 명소가 흩어져 있다. 화려함의 상징인 서부와 반대로 소□하고 호젓한 분위기를 풍기는데, 봄과 가을이 되면 벚꽃과 단풍으로 물들면서 오색찬란한 모습으로 탈바꿈한다.

금각사 · 니조조
金閣寺 · 二条城

교토 서부를 대표하는 관광 명소 금각사 그리고 중부를 대표하는 니조조는 '호화'라는 단어로 정의할 수 있다. 불교의 극락정토를 재현한 금각사는 건물 전체를 금박으로 장식하였고, 도쿠가와 가문의 권력 과시 결과물인 니조조는 1,000여 평의 대규모 건축물이다. 가장 화려한 교토의 모습을 보고 싶다면 이 지역을 빠뜨릴 수 없다.

교토역
京都駅

교토 여행의 시작점, 교토역은 그야말로 교□의 과거와 현재를 동시에 담아낸 지역이다. □네스코 세계문화유산으로 지정된 역사적 가□를 인정받은 유적지가 있는가 하면, 지을 □에 많은 논란을 낳았지만 현재는 교토를 대표□는 곳으로 거듭난 명소도 있다. 옛것을 보존□고 새것도 과감히 만들어내는 도시 정책은 □른 지역에서는 느낄 수 없는 신선함이다.

아라시야마
嵐山

교토시 서쪽에 자리한 교토의 대표적인 경승지로 헤이안 시대 귀족들의 별장지로 이용되었던 지역이다. 빼어난 풍광 덕분에 일본 현지인 사이에서도 인기가 높아 1년 내내 방문객이 끊이질 않는다. 벚꽃과 단풍 명소로도 유명해 사계절 어느 시기에 방문해도 색다른 아름다움을 느낄 수 있다.

교토 근교
京都近郊

교토 여행은 교토 시내 중심가가 끝이 아니□ 발을 조금만 더 넓히면 깜짝 놀랄 만한 풍경□ 만날 수 있다. 교통편이 불편하고 시간이 □ 소요되는 등 조금은 수고스럽지만 그곳에 □주하는 순간 피로가 싹 풀리고 에너지가 □□되는 기분을 체험하게 될 것이다.

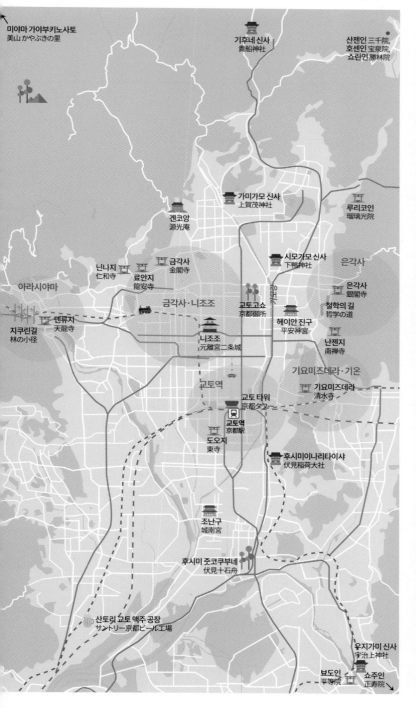

미야마 가야부키노사토
美山 かやぶきの里

기후네 신사
貴船神社

산젠인 三千院,
호센인 宝泉院,
쇼린인 勝林院

가미가모 신사
上賀茂神社

겐코앙
源光庵

루리코인
瑠璃光院

닌나지
仁和寺

료안지
龍安寺

금각사
金閣寺

시모가모 신사
下鴨神社

은각사

아라시야마

금각사·니조조

교토 고쇼
京都御所

은각사
銀閣寺

철학의 길
哲学の道

덴류지
天龍寺

지쿠린길
竹林の小径

니조조
元離宮二条城

헤이안 진구
平安神宮

난젠지
南禅寺

교토역

기요미즈데라·기온

교토 타워
京都タワー

기요미즈데라
清水寺

교토역
京都駅

도오지
東寺

후시미이나리타이샤
伏見稲荷大社

조난구
城南宮

후시미 줏코쿠부네
伏見十石舟

산토리 교토 맥주 공장
サントリー京都ビール工場

우지가미 신사
宇治上神社

뵤도인
平等院

쇼주인
正寿院

ATTRACTION
교토의 볼거리

기요미즈데라·기온 清水寺·祇園

기요미즈데라 清水寺 유네스코

명실상부한 교토 최고의 관광 명소다. 교
토시 동쪽에 있는 오토와산(音羽山) 중
턱에 자리한 사찰로, 778년 헤이안 시대
의 승려 엔친(延鎮)이 오토와 폭포(音羽の
滝) 위에 암자를 세워 십일면천수관음입상
(十一面千手観音立像)을 안치한 것을 시작
으로 세워졌다. 798년 일본의 초대 쇼군
(将軍, 일본 막부의 수장) 사카노우에노타
무라마로(坂上田村麻呂)가 대규모 불전을
건립하였고, 810년 사가 일왕의 명을 받아 국가 사원으로 거듭났다. 처음에는 기타칸노지(北観音寺)
로 불렀으나 경내로 흐르는 오토와 폭포의 3개의 물줄기로 인해 '성스러운 물'이라는 뜻의 기요미즈
데라로 불리게 되었다. 지금도 폭포는 학업 성취, 장수, 연애운을 기원하는 이들이 폭포를 찾는다.
1km 남짓의 기요미즈자카 언덕을 오르면 빨간색 문 니오몬(仁王門)이 방문객을 반긴다. 일본의
요중문화재인 서문과 삼중탑을 지나면 이곳의 하이라이트 본당(本堂)이 모습을 드러낸다. 본당은
차례의 화재로 소실된 후 1633년 도쿠가와 이에미츠(徳川家光)에 의해 재건되었다. 앞에 설치된
은 마루 부타이(清水の舞台)는 못을 사용하지 않고 오로지 139개의 나무 기둥만으로 지탱하고 있
목조 건축물로 교토 시내를 한눈에 조망할 수 있다. 과감한 결단을 내릴 때 '기요미즈부타이에서
어내릴 각오로(清水の舞台から飛んだつもりで)'라고 한다. 이 말은 에도 시대 4층 건물 높이에 해
하는 부타이에서 소원 성취를 기원하며 뛰어내린 사람들 때문에 생겨났다고 한다.

지도 P.153-D2 ▶ 주소 東山区清水1-294 전화 075-551-1234 홈페이지 www.kiyomizudera.or.jp 운
06:00~18:00(7·8월은 ~18:30), 연중무휴 요금 [본당] 성인 ¥400, 초등·중학생 ¥200 가는 방법 206·207번 버
고조자카(五条坂) 정류장에서 하차 후 도보 10분 발음 기요미즈데라

+Plus 기요미즈데라 볼거리 하이라이트

1. 니오몬 仁王門

사찰 입구에 기요미즈데라를 수호하는 정문. 화려하고 선명한 주홍색에 높이 14m, 너비 10m에 달하는 거대한 크기가 특징이다. 교토를 상징하는 풍경으로 꼽히기도 해 기념촬영 명소로 인기가 높다.

2. 삼층탑 三重塔

니오몬 우측에 위치하는 기요미즈데라의 심볼. 31m 높이로 일본에 있는 삼층탑들 가운데 최대 규모를 자랑한다. 탑 내부 중앙에는 대일여래상을 모시고 있으며, 만다라의 세계가 표현되어 있다.

3. 즈이구도 随求堂

소원을 이루어 준다는 대공덕을 지닌 대수구보살(大随求菩薩)을 모시는 곳으로, 순산과 육아의 신도 모시고 있다. 엄마의 배 속을 의미하는 암흑 속을 이정표 대신 염주에 의지해 걸으면 소원이 이루어진다는 '태내 순례(胎内めぐり)'가 유명하다.

4. 본당 本堂

4층 건물에 해당하는 높이 13m에 걸터앉은 듯이 자리하는 마루 부타이(舞台)가 있는 사찰의 상징 같은 장소. 못을 사용하지 않고 목재끼리 교묘하게 조합한 일본 전통 공법으로 지어졌다. 410장 이상의 편백나무 판자를 깐 넓은 부타이에서 바라보는 교토 시내의 사계절 경치가 무척 아름다운 풍경 맛집이다.

5. 오토와노타키 音羽の瀧

기요미즈데라 건립의 계기이자 명칭의 유래가 된 세 줄기의 작은 폭포. 세 개는 각각 학업 성취, 연애 성취, 건강 장수를 의미하며, 셋 중 하나를 골라 한 모금 마시면 염원이 이루어진다고 한다. 단, 두 모금을 마시면 반대로 이루어진다고 하니 주의할 것.

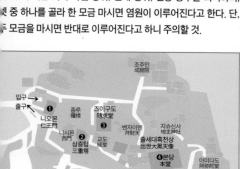

조주인
成就院

입구→
출구→
❶ 니오몬
仁王門

니시몬
西門

❷ 삼층탑
三重塔

종루
鐘楼

즈이구도
随求堂

벤자이텐
弁財天

교도
経堂

지슈신사
地主神社

출세대흑천상
出世大黑天像

❹본당
本堂

아미다도
阿弥陀堂

오쿠노인
奥の院

❺오토와노타키
音羽の瀧

지슈신사 地主神社 임시 휴업

기요미즈데라의 본당 바로 뒤편에 위치한 교토에서
가장 오래된 신사로 연애운을 기원하는 관광객으로
북적거린다. 에도 시대부터 연애운을 점치러 방문하
는 이들이 끊이지 않았는데 경내에 있는 연애점의 돌
(恋占いの石)이라는 커다란 돌 2개도 그때부터 이미
존재하던 것이라 한다.

10m 정도 떨어진 2개의 돌 중 1개의 돌에서 눈을 감
고 출발하여 소원을 빌면서 맞은편 돌에 도달하면 사
랑이 이루어진다고 한다. 또 한쪽에 마련된 행복의 징
(しあわせのドラ)을 손으로 3번 치면서 소원을 빌면
징소리가 신에게 전달된다고 한다. 사랑에 목말라 있
다면 한번 도전해 보자. 아쉽게도 현재 공사로 인해
임시 휴관 중이다.

지도 P.153-D2 **주소** 東山区清水1-317 **전화** 075-541-2097 **홈페이지** www.jishujinja.or.jp **운영** 09:00~17:0
가는 방법 기요미즈데라(清水寺) 본당 바로 뒤편에 위치 **발음** 지슈진자

호칸지 法観寺

정식 명칭보다는 야사카탑(八坂の塔)이라
는 이름으로 더욱 알려진 히가시야마(東
山) 지역의 대표적인 랜드마크다. 야사카
신사와 기요미즈데라 사이에 위치하며 교
토에서 가장 오래된 목탑인 46m 높이의 거
대 오중탑이 우뚝 서 있는 것이 특징이다.
일본에서는 592년 쇼토쿠 태자(聖徳太子)
가 육관음 중 하나인 여의륜관음(如意輪観
音)의 계시를 받아 건립했다고 알려졌으나
고구려에서 건너온 도래인들이 씨사(氏寺,
자신의 조상을 받드는 절)로 창건했다는 이
야기가 옛 문헌에 기록되어 있다.

본래는 7채가 있었다고 전해지나 현재는
오중탑을 비롯해 다이시도(太子堂), 야쿠
시도(薬師堂)의 3채만 남아있다. 5척의 본
존오지여래상(本尊五智如来像)과 호칸잡
기(法観雑記) 등의 문화재, 심주가 있는 탑
내부 견학을 할 수 있다. 계단의 경사가 심
해 초등학생 이하 어린이는 관람이 불가능하며 궂은 날씨에는 관람 자체를 금지한다.

지도 P.153-D2 **주소** 東山区清水八坂上町388 **전화** 075-551-2417 **운영** 10:00~16:00 **요금** 중학생 이상 ¥4
가는 방법 206번 버스 기요미즈미치(清水道) 정류장에서 하차 후 도보 4분 **발음** 호오칸지

산넨자카·니넨자카
(산네자카·니네자카)

三年坂·二年坂(産寧坂·二寧坂)

기요미즈데라와 야사카 신사, 고다이지 등의 히가시야마(東山)의 주요 명소를 잇는 거리로, 국가가 지정한 중요 전통 건축물 보존지구(重要伝統的建造物群保存地区)에 속한다.

산네자카는 기요미즈자카(清水坂)에서 기요미즈데라로 향하는 길 왼쪽 골목에 길게 뻗은 급격한 경사의 언덕길이다. 히가시야마 최대의 번화가로 각종 기념품 가게와 음식점이 즐비하여 전 세계에서 모인 관광객으로 들끓는다. 기요미즈데라 경내에 자리한 고야스 탑(子安の塔, 순산을 기원하는 탑)으로 가면서 지나는 길이라 하여 이름 붙여졌으며 산넨자카(三年坂)라고도 불린다.

산네자카를 지나 이어지는 니넨자카 역시 기념품 가게와 음식점이 빼곡히 들어서 있는 거리다. 여기서 발이 걸려 넘어지면 2년 이내에, 산네자카에서 넘어지면 3년 이내에 죽는다는 무시무시한 이야기가 전해진다. 돌계단으로 된 언덕길을 조심해서 걸으라는 의미에서 만들어진 이야기이니 넘어지지 않도록 주의해서 걷자.

지도 P.153-D2 **주소** 東山区清水2 **가는 방법** 206번 버스 기요미즈미치(清水道) 정류장에서 하차 후 도보 5분 **발음** 산넨자카, 니넨자카

Tip 교토에서 냉오이를?

거리를 걷는 현지인들이 하나씩 들고 있는 막대기의 정체는 바로 소금에 절인 오이를 얼음물에 차갑게 식힌 냉오이(冷やしきゅうり). 짭조름하면서 시원한 맛을 느낄 수 있어 인기가 높은 길거리 음식이다.

고다이지 高台寺

도요토미 히데요시(豊臣秀吉)의 정실부인 기타노만도코로(北政所, 일반적으로는 네네(ねね)라 불린다)가 세운 사찰이다. 도요토미 히데요시가 죽은 후 그의 명복을 빌기 위해 1606년 건립하였다. 화재로 인해 일부는 소실되고 현재는 국가중요문화재로 지정된 가이산도(開山堂), 오타마야(霊屋), 간쓰다이(観月台) 등만이 남아 있다.

눈여겨볼 곳은 가이산도를 사이에 둔 엔게쓰치(偃月池) 연못과 가료우치(臥龍池) 연못을 중심으로 한 정원이다. 건축가이자 조경가인 고보리 엔슈(小堀遠州)가 만든 모모야마 시대의 대표적인 지천회유식 정원이다. 지천회유식 정원이란 연못 주변에 산책길이 있는 정원을 뜻한다. 엔게쓰치 연못에 친 달을 감상할 수 있도록 마련된 작은 정자 간게쓰다이도 반드시 살펴보자. 매년 봄, 여름, 가을에 밤 9시 30분까지 특별 개방한다.

지도 P.153-D1 주소 東山区高台寺下河原町526 전화 075-561-9966 홈페이지 www.kodaiji.com 운영 09:00~17:00 요금 성인 ￥500, 중·고등학생 ￥250, 초등학생 이하 무료 가는 방법 206번 버스 히가시야마야스이(東山安井) 정류장에서 하차 후 도보 7분 발음 코오다이지

네네의 길 ねねの道

도요토미 히데요시의 아내 네네(ねね)가 그가 죽은 후 이곳에서 19년간 남은 생을 보냈다 하여 이름 지어진 길이다. 원래는 고다이지를 잇는 단순한 길이었으나 1998년 전선을 모두 땅에 매장하고 전신주를 철거한 후 바닥에 2,500여 장의 사각 석판을 깔아 교토다운 거리 풍경을 조성하였다. 주변 전통가옥과 관광객을 맞이하는 인력거는 이 길의 전통적인 분위기를 한층 고조시킨다. 고다이지를 비롯하여 이시베코지, 마루야마 공원 등 주변 관광 명소로 통하는 길목이므로 이 길을 거쳐 가는 관광객이 많다.

지도 P.153-D1 주소 東山区下河原町 가는 방법 고다이지에서 도보 1분 발음 네네노미치

이시베코지
石塀小路

야사카 신사로 향하는 네네의 길(P.56) 길목에는 현지인보다 관광객에게 더 인기인 운치 있는 좁은 골목길이 자리한다. 중요 전통 건축물 보존지구(重要伝統的建造物群保存地区)로 선정된 곳으로 사각 석판이 깔린 모던하고 깔끔한 길에 교토 느낌이 물씬 풍기는 옛 건물이 옹기종기 모여 골목을 이루고 있다. 참고로 이시베(石塀)란 돌담을 뜻하는데, 길바닥 석판이 마치 돌담처럼 보인다 하여 붙여진 이름이다.

지도 P.153-D1 주소 東山区下河原町463-34 **가는 방법** 206번 버스 히가시야마야스이(東山安井) 정류장에서 하차 후 도보 4분 **발음** 이시베에코오지

겐닌지 建仁寺

교토 최초의 선종 사찰이다. 1202년 선종의 개조인 승려 에이사이(栄西)가 건립하였으며 사찰명은 당시 일본의 연호인 겐닌(建仁)에서 따왔다. 일본의 국보로 지정된 화가 다와라야 소타쓰(俵屋宗達)의 최고 걸작인 풍신뇌신도(風神雷神図)를 소장한 곳으로 유명한데 본방(本坊)에서 복제본을 감상할 수 있다.

우리나라의 고려 팔만대장경과 일본의 중요문화재인 죽림칠현도(竹林七賢図), 화조도(花鳥図), 산수도(山水図) 등 역사적으로 중요한 문화재를 다수 소장 중이다. 이 외에 주목해야 할 작품으로 법당 천장에 위용을 뽐내고 있는 쌍룡도(双龍図)를 꼽을 수 있다. 창건 800주년을 맞이해 2002년 화가 고이즈미 준사쿠(小泉淳作)

가 그린 대작으로, 다다미 108장(약 178.84㎡)분의 크기를 자랑한다.

지도 P.153-C1 주소 東山区大和大路四条下ル小松町584 **전화** 075-561-6363 **홈페이지** www.kenninji.jp **운영** 10:00~17:00, 4/19·4/20·6/4·6/5 휴무 **요금** 성인 ￥600, 중·고등학생 ￥300, 초등학생 ￥200, 미취학 아동 무료 **가는 방법** 206번 버스 히가시야마야스이(東山安井) 정류장에서 하차 후 도보 5분 **발음** 켄닌지

야사카코신도 八坂庚申堂

중국에서 전해져 내려온 경신신앙을 모시는 절. 액땜과 인연 맺기 등에 효험이 있기로 알려져 있다. 본당에는 보지 않고 말하지 않고 듣지도 않는 세 원숭이상이 놓여 있는데, 눈과 귀와 입을 막아 액운을 피한다는 가르침이 담겨 있다고. 인간의 욕망을 억제하는 모습을 손발을 묶여 움직일 수 없는 원숭이에 빗댄 색색의 부적(お守り)이 경내에 주렁주렁 달려있는 풍경이 포토제닉해 젊은 층의 큰 인기를 얻고 있다.

지도 P.153-C2 ▶ **주소** 東山区金園町390 **전화** 075-541-2565 **홈페이지** www.yasakakousinndou.sakura.ne.jp **운영** 09:00~17:00 **요금** 무료(오마모리 ￥500) **가는 방법** 호칸지(P.54) 바로 건너편에 위치 **발음** 야사카코오신도오

야스이콘피라구
安井金比羅宮

7세기 아스카(飛鳥) 시대에 창건한 절에서 기원한 신사. 악연은 끊고 새로운 만남을 가지면서 좋은 인연은 맺어주는 연애운은 물론이고 질병, 담배, 도박 등 나쁜 버릇과도 연을 끊을 수 있도록 빌어주는 곳으로 알려져 있다. 경내에 있는 높이 1.5m, 너비 3m의 '절연결연비(縁切り縁結び碑)'에는 신사를 방문한 이들의 염원이 적힌 흰 부적이 대량으로 붙여져 있다. 소원을 비는 방법은 다음과 같다. ①연을 끊거나 맺고 싶은 인연을 적은 부적을 손에 들고 소원을 마음속으로 빌면서 비석 밑에 있는 구멍을 앞에서 들어간다. 이로써 악연은 끊어졌다. ②그런 다음 다시 뒤에서 앞으로 나오면서 좋은 인연을 맺을 수 있게 되었다. ③부적을 비석에 붙이면서 마무리한다.

지도 P.153-C1 ▶ **주소** 東山区下弁天町70 **전화** 075-561-5127 **홈페이지** www.yasui-konpiragu.or.jp **운영** 09:00~17:30 **요금** 무료(부적 ￥100 이상) **가는 방법** 206번 버스 히가시야마야스이(東山安井) 정류장에서 도보 1분 **발음** 야스이콘피라구우

쇼렌인몬제키 青蓮院門跡

천태종 총본산인 엔랴쿠지(延曆寺)의 삼문터(三門跡) 중 하나로, 예부터 왕실과 깊은 관련이 있는 격식 높은 사찰이다. 무로마치(室町) 시대 조경가이자 화가인 소아미(相阿弥)의 작품인 지천회유식 정원과 화가 기무라 히데키(木村英輝)가 그린 화려한 연꽃의 맹장지(襖絵) 그림으로 꾸며진 건물 내벽, 입구에 우뚝 솟은 수령 800년의 녹나무 5그루가 유명하다.

지도 P.153-D1 ▷ **주소** 東山区粟田口三条坊町69-1 **전화** 075-561-2345 **홈페이지** www.shorenin.com **운영** 09:00~17:00(마지막 입장 16:30) **요금** 성인 ￥600, 중·고등학생 ￥400, 초등학생 ￥200, 미취학 아동 무료 **가는 방법** 5·46·100번 버스 진구미치(神宮道) 정류장에서 도보 3분 **발음** 쇼오렌인몬제키

쇼군즈카세이류덴 将軍塚青龍殿

쇼렌인몬제키의 월경지로 교토 시내보다 200m 높은 위치에 있다. 기요미즈데라 부타이(舞台)의 4.6배에 달하는 넓은 다이부타이(大舞台)는 교토 시내를 파노라마로 조망할 수 있는 전망대 역할을 톡톡히 하고 있다. 간혹 예술작품이 전시되기도 해 다양한 공간으로 활용되고 있다. 경내 정원에는 벚꽃과 단풍 등 사계절의 경치를 감상할 수 있다.

지도 P.153-D1 ▷ **주소** 山科区厨子奥花鳥町28 **전화** 075-771-0390 **홈페이지** www.shogunzuka.com **운영** 09:00~17:00(마지막 입장 16:30) **요금** 성인 ￥600, 중·고등학생 ￥400, 초등학생 ￥200, 미취학 아동 무료 **가는 방법** 70번 게이한(京阪) 버스 쇼군즈카세류인(将軍塚青龍殿) 정류장에서 바로 **발음** 쇼오군즈카세에류우인

하나미코지 거리 花見小路通

산조 거리(三条通)부터 겐닌지 앞까지 약 1.4km
길이의 짧은 길이지만, 역사경관 보존지구(歷史
的景観保全修景地区)로 지정된 곳이자 교토만의
거리 풍경과 전통적인 분위기를 만끽할 수 있는
기온의 대표 중심가다. 2001년 전선과 전신주
를 지하에 매설하고 거리 바닥을 사각 석판으로
교체하는 등 대조적으로 정비하여 더 정갈하고 깔끔하게 변모하였다.

거리 중심의 시조 거리(四条通)를 경계로 북쪽과 남쪽의 분위기는 사뭇 대조적이다. 북쪽은 이자카
야, 바 등 주로 술집이 들어서 있지만 남쪽은 게이샤와 예비 게이샤인 마이코(舞妓)가 접대하는 오차
야(お茶屋)와 음식점이 즐비하다. 저녁 무렵에는 출근길의 게이샤, 마이코와 마주칠 수도 있으니 설
레는 마음으로 밤산책을 나서 보자.

지도 P.153-C1 ▶ 주소 東山区花見小路通 **가는 방법** 206번 버스 기온(祇園) 정류장에서 하차 후 도보 3분 **발음** 하나
미코오지도오리

시라카와미나미 거리 白川南通

교토의 볼거리 가운데 단풍놀이와 함께 빠지지 않는 것이 하나미(花見), 이른바 벚꽃놀이다. 3월 하
순에서 4월 상순 사이 교토의 벚꽃을 감상할 수 있는 곳은 관광명소 주변에서도 쉽게 찾아볼 수 있다.
그중 추천하는 곳이 가모강을 향해 흐르는 작은 하천 시라강(白川)을 따라 늘어선 시라카와미나미 거
리다.

전통가옥이 옹기종기 모인 거리 사이사이에 자리한 벚나무가 만발할 즈음이면 좁은 거리가 터져나
갈 정도로 관광객이 몰려드는데, 거리를 오가는 게이샤와 마이코의 모습이 한데 어우러지면서 일본
의 정취를 느낄 수 있다. 일본의 시인 요시이 이사무(吉井勇)가 이곳 경치에 감탄하여 쓴 시 '어찌 됐든
간에(かにかくに)'가 새겨진 비석도 세워져 있다. 거리 어귀에 있는 작은 신사 다쓰미다이묘진을 끼고
돌면 전통 건축물 보존지구(伝統的建造物群保存地区)로 지정된 정갈한 골목길 기온신바시거리(祇園
新橋通り)가 나오니 함께 둘러보자.

지도 P.153-C1 ▶ 주소 東山区末吉町 **가는 방법** 205번 버스 시조카와라마치(四条河原町) 정류장에서 도보 5분 **발음**
시라카와미나미도오리

다쓰미다이묘진·다쓰미바시
辰巳大明神·巽橋

게이샤가 소원을 기원하는 신사 다쓰미다이묘진과 바로 옆에 위치한 작은 다리 다쓰미바시는 이름난 봄철 벚꽃 명소다. 영화나 드라마 촬영지로 자주 미디어에 노출되면서 현지인들에게는 익숙한 명소다. 신사가 남동쪽에 위치한 까닭에 다쓰미(辰巳)로 불리는 이곳은 게이샤와 마이코(舞妓, 예비 게이샤)의 예능 향상과 사업 번창을 비는 곳이다. 모시는 신은 독특하게도 너구리. 다쓰미바시 부근에 서식하던 너구리에 의해 피해를 입자 해결책으로 신으로 모셨다. 신기하게도 그 이후부터 피해가 줄어들었다고 한다.

지도 P.153-C1 **주소** 東山区新橋通大和大路東入元吉町59 **가는 방법** 206번 버스 기온(祇園) 정류장에서 하차 후 도보 5분 **발음** 타츠미다이묘오진, 타츠미바시

야사카 신사 八坂神社

고구려에서 건너간 사신(調進副使) 이리지(伊利之)가 정착하면서 창건한 신사로, 매년 7월 한 달간 열리는 일본 3대 축제 '기온마쓰리(祇園祭)'가 열리는 것으로 유명한 관광명소다. 석가모니의 탄생지 기온쇼자(祇園精舍)의 수호신인 우두천왕(牛頭天王)을 신으로 받들어 기온상(祇園さん)이라 불렸으나 메이지 시대에 신도(神道)와 불교를 나누는 신불분리(神仏分離) 정책을 시행하면서 지금의 이름으로 변경하였다. 정월이 되면 100만 명에 달하는 사람이 이곳을 방문하는데 교토 내에서 후시미이나리타이샤(P.91)에 이어 두 번째로 많은 참배객 수를 자랑한다. 야간 참배도 가능하며 마루야마 공원(P.62)과 이어져 있어 같이 둘러보기에 좋다.

지도 P.153-C1 **주소** 東山区祇園町北側625 **전화** 075-561-6155 **홈페이지** www.yasaka-jinja.or.jp **가는 방법** 206번 버스 기온(祇園) 정류장에서 하차 후 도보 5분 **발음** 야사카진자

마루야마 공원 円山公園

1886년에 개장한 교토에서 가장
오래된 공원으로 야사카 신사 바
로 옆에 위치한다. 공원 중앙에
연못을 배치하고 주변 산책로를
따라 경관을 감상할 수 있는 일본
전통 양식인 회유식 정원(回遊式
庭園)으로 조성되었다. 이곳의
방문 최적 시기는 봄으로, 여러
종의 벚나무 680그루가 식재되
어 있어 교토에서도 손꼽히는 벚
꽃 명소로 유명하다.

공원 중앙에는 1959년에 심은 12m 길이의 거대한 수양벚나무 시다레자쿠라(枝垂桜)가 자리한다. 벚
꽃 시즌에는 방문객이 밤에도 꽃구경을 즐길 수 있도록 조명을 켜 '기온노요자쿠라(祇園の夜桜, 밤에
즐기는 벚꽃놀이)'란 애칭으로 불리기도 한다. 수양벚나무 부근에는 일본 근대화를 이끈 사카모토 료
마(坂本龍馬)와 그의 친구 나카오카 신타로(中岡慎太郎)의 동상이 세워져 있다.

지도 P.153-D1 **주소** 東山区円山町 **전화** 075-561-1350 **홈페이지** kyoto-maruyama-park.jp **가는 방법** 206번
버스 기온(祇園) 정류장에서 하차 후 도보 2분 **발음** 마루야마코오엔

지온인 知恩院

정토종의 총본산으로 승려 호넨
(法然)이 세운 사찰이다. 맨 처
음 방문객을 반기는 삼문은 1621
년 도쿠가와 히데타다(徳川秀忠)
장군에 의해 건립된 일본의 국보
다. 높이 24m, 폭 50m로 일본
삼문 가운데 가장 큰 규모를 자랑
하는 목조 이중문이다. 경내에는
또 하나의 국보인 미에이도(御影
堂)를 비롯해 세시도(勢至堂), 교
조(経蔵) 등 중요문화재로 지정된 건축물이 들어서 있다.

호넨의 초상이 모셔져 있다 하여 이름 붙여진 미에이도는 삼문과 마찬가지로 장대한 규모다. 화재로
인해 한 번 소실되었다가 6년에 걸쳐 재건되었다. 미에이도에서 호조(方丈)에 이르는 마룻바닥을 걸
으면 꾀꼬리의 울음소리가 들린다는 꾀꼬리 소리 복도(鶯張りの廊下) 등 예부터 전해져 내려오는 치
온인의 7대 불가사의가 존재한다.

지도 P.153-C2 **주소** 東山区林下町400 **전화** 075-531-2111 **홈페이지** www.chion-in.or.jp **운영** 09:00~16:30
요금 [유젠엔(友禅苑)] 고등학생 이상 ¥300, 초등·중학생 ¥150, 미취학 아동 무료, [호조정원(方丈庭園)] 고등학생
이상 ¥400, 초등·중학생 ¥200, 미취학 아동 무료, [정원 공통권] 고등학생 이상 ¥500, 초등·중학생 ¥250 **가는 방
법** 206번 버스 지온인마에(知恩院前) 정류장에서 하차 후 도보 5분 **발음** 치온인

미나미자 南座

가모 강변 시조 거리(四条通)에 자리한 이 멋스러운 전통 건물은 일본의 전통연극 가부키가 시작된 일본에서 가장 오래된 극장이다. 에도 시대 초기 이 부근에는 총 7개의 국가 공인 가부키 극장이 존재하고 있었으나 문을 닫거나 화재로 인해 소실되어 남아있는 곳은 미나미자가 유일하다. 1906년 일본의 유명 영화사 쇼치쿠(松竹)가 사들여 운영하면서 외관은 옛 모습 그대로 간직하되 내부 시설을 최신식으로 교체하는 등 여러 차례 보수공사를 시행하였고 1996년 일본 유형문화재로 지정되었다. 약 400년 동안 같은 자리를 지켜온 미나미자에서는 가부키를 중심으로 현대극, 콘서트 등 다채로운 공연을 관람할 수 있다.

지도 P.153-C1 **주소** 東山区四条大橋東詰 **전화** 075-561-1155 **홈페이지** www.shochiku.co.jp/play/theater/minamiza **가는 방법** 게이한(京阪) 전철 게이한본(京阪本) 선 기온시조(祇園四条) 역 6번 출구에서 바로 **발음** 미나미자

폰토초 先斗町

가모강과 기야마치(木屋町) 거리 사이에 위치한 좁고 기다란 골목길로, 게이샤가 활동하는 요정이 모여 있는 지역을 뜻하는 하나마치(花町) 가운데 한 곳이다. 1712년경 유흥가로서 번성하기 시작하였고 1859년 유곽으로 허가를 받으면서 이곳의 역사가 시작되었다.

낮에 방문하면 보통의 평범한 골목길과 다름없어 보이지만 밤이 되면 분위기가 반전되면서 제 모습을 드러낸다. 가모 강변 위로 설치된 평상에서 식사나 술을 마시는 것을 가와도코(川床)라고 하는데 이를 즐길 수 있는 곳이 바로 폰토초의 음식점과 이자카야다.

지도 P.152-B1 **주소** 中京区先斗町 **홈페이지** www.ponto-chou.com **가는 방법** 한큐(阪急) 전철 게이한교토(阪急京都) 선 교토가와라마치(京都河原町) 역 1A번 출구에서 도보 1분 **발음** 폰토초

니시키 시장 錦市場

생선, 교야사이(京やさい) 등 농수산품을 비롯해 건어물, 반찬, 전통과자 등 가공식품까지 다양한 식재료를 판매하는 교토의 대표적인 재래시장. 인구가 집중된 도심에 위치한 점과 지하수가 흘러 생선을 차갑게 보관하여 판매하기에 적합한 지리적 특성 덕에 어시장이 들어선 것이 기원이다.

현지인에게 니시키(にしき)란 애칭으로 불리며 400년이라는 오랜 운영 동안 교토의 부엌(京の台所)으로서 그 기능을 잘 유지하고 있다. 최근에는 외국인 관광객의 필수 관광명소로 알려지면서 많은 방문객으로 늘 활기가 넘친다. 중앙도매시장(中央卸売市場)과 대형 슈퍼마켓이 등장하고 지하수 고갈로 인해 한 차례 위기를 맞이하였으나 시중 슈퍼마켓이나 백화점보다 더 신선하고 품질 좋은 식재료를 제공하여 이를 극복할 수 있었다.

니시키코지 거리부터 다카쿠라 거리까지 약 390m 길이의 아케이드형 상점가에 130여 개 점포가 빽빽이 들어서 있다. 제철 과일, 채소, 생선은 물론이고 두부 껍질 유바(湯葉), 교토식 야채 절임 교쓰케모노(京漬物), 전통 조림요리 쓰쿠다니(佃煮) 등 교토만의 독특한 식재료도 손쉽게 구입할 수 있다. 영업 시간은 점포마다 다르나 대체로 오전 9시부터 오후 5시까지이며 수요일과 일요일에 쉬는 가게가 많다.

지도 P.152-A1 주소 中京区西大文字町
609 전화 075-211-3882 홈페이지 www.
kyoto-nishiki.or.jp 운영 점포마다 상이 가
는 방법 한큐(阪急) 전철 게이한교토(阪急京
都) 선 가라스마(烏丸) 역 12번 출구에서 도보
3분 발음 니시키이치바

💬Plus 니시키 시장에서 길거리 음식 즐기기

니시키 시장이 최근 들어 여행자에게 더욱더 큰 인기를 얻고 있는 이유는 바로 길거리 음식이다. 간단한 요기를 하기에 좋고 이색 먹거리도 즐길 수 있어 시간이 금인 이들에겐 안성맞춤이다. 참새가 방앗간을 그냥 못 지나치듯이 싱싱한 재료로 만든 먹음직스러운 음식들을 보고 있노라면 절로 지갑이 열린다.

가이 櫂
메추리알과 문어의 탱글탱글한 식감, 간장쇼유의 달달하면서 짭짤한 맛이 찰떡궁합을 자랑하는 타코타마고(たこたまご).

하모히데 鱧秀
큼지막한 새우 세 개를 통째로 삶아 소금과 레몬즙으로 간을 한 에비쿠시(えび串).

호큐안 汸臼庵
버터로 익힌 감자나 치즈가 섞인 따끈따끈한 일본식 어묵, 보텐푸라(棒天麩羅).

곤나몬자 こんなもんじゃ
갓 튀긴 따끈한 두유 도넛과 두부 아이스크림을 맛볼 수 있는 디저트점.

고후쿠도 幸福堂
오랜 역사를 간직한 노포. 일본 최고급 단팥으로 만든 모나카(最中)가 간판 상품.

가리카리하카세 カリカリ博士
합리적인 가격에 즐기는 교토풍 다코야키(たこ焼き). 오리지널, 파, 치즈 세 종류가 있다.

가모강 鴨川

교토 시내 동쪽에 흐르는 23km 길이의 일급 하천으로, 교토시 서쪽에 흐르는 가쓰라강(桂川)과 함께 교토의 대표적인 강으로 꼽힌다. 유구한 역사 속에서 천년의 도읍지와 함께 교토 고유의 문화를 키워온 곳이며, 지금도 변함없는 교토 사람들의 맑고 깨끗한 휴식처로 많은 사랑을 받고 있다.

시모가모 신사, 교토고쇼, 교토대학, 야사카 신사, 미나미자, 교토 국립 박물관, 산주산겐도 등 북쪽에서 남쪽으로 내려오는 강 부근에 유명 관광 명소가 위치하고 있어 잠시라도 스쳐 지나갈 뿐만 아니라 가모가와 델타를 기점으로 가와라마치 상점가까지 이어지는 강변은 산책로와 쉼터로 많은 이들이 이용하고 있다. 벚꽃이 피는 봄과 단풍이 물드는 가을이 되면 강변도 옷을 갈아입어 아름다움을 뽐낸다. 이럴 때 자전거를 대여하여 강을 따라 달리거나 가만히 걸으며 계절을 느껴보는 시간을 보낸다면 좋은 추억을 만들 수 있을 것이다.

지도 P.152-B1·B2, P.153-C1 ▶ **가는 방법** 한큐(阪急) 전철 교토(京都)선 시조카와라마치(京都河原町)역 1A, 1B번 출구 또는 게이한(京阪) 전철 게이한본(京阪本)선 기온시조(祇園四条)역 3, 4번 출구에서 바로 **발음** 카모가와

Plus 가모강의 풍경을 보며 즐기는 군것질

데마치후타바 出町ふたば

1899년 가게가 문을 연 이래 교토의 명물로 자리잡은 콩떡 '마메다이후쿠(豆大福)'를 판매하는 노포로, 기나긴 대기행렬을 이룰 만큼 큰 인기를 누리고 있다. 가모가와 델타 부근에 위치하고 있어 이곳에서 떡을 구입한 다음 가모강변에 앉아 먹는 이들도 자주 목격된다. 간판 상품인 묘오다이 마메모찌(名代 豆餅)는 큼지막한 콩을 송송 심은 탄력감이 느껴지는 쌀떡 속에 붉은 완두콩을 섞은 팥소가 인상적이다. 시즌마다 다른 소를 넣은 종류를 선보이기도 하므로 이왕이면 다양한 떡을 골라서 먹어보자.

지도 P.154-B1 주소 上京区青龍町236 운영 08:30~17:30, 화요일 휴무 전화 075-231-1658 가는 방법 1·37·205번 버스 아오이바시니시즈메(葵橋西詰) 정류장에서 도보 1분 발음 데마치후타바

런던야 ロンドンヤ

1950년대 세련된 먹거리를 만들고 싶다고 생각한 창업자는 하얀 앙금이 든 카스텔라 만주 '런던야키(ロンドン焼き)'를 고안하게 된다. 담백한 단맛에 부드러운 빵의 식감 덕분에 남녀노소 불문하고 누구나 즐기는 교토의 명물이 되었다. '카챵카챵~' 소리가 들리는 곳으로 고개를 돌려보면 만주를 찍어내는 기계의 분주한 움직임도 재미난 구경거리다. 종이에 감싼 것(へぎ包み)보다 상자에 넣는 것(箱入り)이 조금 더 싸다. 여름은 3일, 겨울은 4일 정도까지 두고 먹을 수 있다.

지도 P.152-B1 주소 中京区中之町565 운영 월~금요일 11:00~19:00, 토·일요일 10:00~20:00, 부정기 휴무 전화 075-221-3248 가는 방법 11·12·201·203·207번 버스 시조카와라마치(四条河原町) 정류장에서 도보 1분 발음 론도야

은각사 銀閣寺

은각사 銀閣寺 유네스코

은각사는 금각사(P.76)와 대비되는 명칭 덕분에 교토를 여행하는 이들에게 인지도가 높은 사찰이다. 쇼코쿠지(相国寺)의 부속 사원으로 정식 명칭은 히가시야마지쇼지(東山慈照寺)이나 대부분 은각사(긴카쿠지)로 부른다. 무로마치 막부(室町幕府) 8대 장군이었던 아시카가 요시마사(足利義政)에 의해 별장으로 지어졌지만 그가 세상을 떠난 후 임제종 사찰로 재탄생하였다. 무로마치 시대에 꽃피웠던 무가 문화이자 현재의 일본 문화에도 많이 나타나는 히가시야마 문화(東山文化)를 대표하는 건축물로 평가받는데, 은각(銀閣)이라 불리는 간논덴(観音殿)이 그 상징이라 할 수 있다.

잘 정돈된 정원 같은 담장을 지나면 간논덴이 모습을 드러낸다. 금각사의 금각(金閣)과 사이호지(西方寺)의 루리덴(瑠璃殿)의 영향을 받은 형태로, 건물 상층 조온가쿠(潮音閣)는 중국 북송의 건축 양식, 하층 신쿠덴(心空殿)은 서원양식을 띤다. 이것을 둘러싼 모래 정원도 매우 독특한데 기하학 모양의 모래탑 고게쓰다이(向月台)와 강 여울을 보는 듯한 긴샤단(銀沙灘)은 간논덴을 한층 더 신비로운 분위기로 만들어준다. 일본의 전통 건축양식인 쇼인즈쿠리(書院造)로 지어진 건축물 가운데 가장 오래된 도구도(東求堂)와 은각사를 비롯한 교토의 전경을 감상할 수 있는 전망대도 은각사만의 볼거리다.

지도 P.155-B2 주소 左京区銀閣寺町2 전화 075-771-5725 홈페이지 www.shokoku-ji.jp/ginkakuji 운영
3~11월 08:30~17:00, 12~2월 09:00~16:30 요금 고등학생 이상 ￥500, 초등·중학생 ￥300, 미취학 아동 무료 가는 방법 5·17·32·100번 버스 긴카쿠지미치(銀閣寺道) 정류장에서 하차 후 도보 8분 발음 긴카쿠지

철학의 길 哲学の道

에이칸도 부근 구마노냐쿠오지 신사(熊野若王子神社)에서부터 수로를 따라 은각사로 이어지는 약 2km의 오솔길이다. 일본을 대표하는 철학자 니시다 기타로(西田幾多郎), 타나베 하지메(田辺元), 미키 기요시(三木清) 등이 사색의 장소로 즐겨 찾았던 산책로라 하여 '철학의 길'이란 이름이 붙여졌다. 아름답고 특색 있는 길을 선정하는 일본 길 100선(日本の道100選)에 꼽힌 인기 관광 명소다.

산책로를 따라 약 500그루의 벚나무가 일제히 꽃망울을 터뜨려 분홍빛 꽃물결을 이루는 봄과 울긋불긋 화려한 오색 단풍으로 물든 가을이 방문하기에 최적의 시기이긴 하나, 몰려든 수많은 관광객으로 인한 불편함은 어느 정도 감수해야 할 것이다. 비교적 인적이 드문 이른 아침이나 해가 질 무렵에 방문하면 한적하고 고요한 분위기 속에서 유유히 산책을 즐길 수 있다. 부분적으로 정비가 덜 된 길이 있으니 걷기 편한 운동화나 단화를 신는 것을 추천한다. 지친 길손들을 위해 곳곳에 자리한 귀여운 잡화점과 카페에서 잠시 쉬어 가기에도 좋아 지루할 틈이 없다.

지도 P.155-B2 주소 [구마노냐쿠오지신사] 京都市左京区若王子町2, [은각사] 京都市左京区浄土寺石橋町58 가는 법 은각사에서 도보 3분 발음 테츠가쿠노미치

호넨인 法然院

철학의 길을 걷다가 동쪽의 좁은 언덕길을 오르면 숲길 사이로 일본 정토종의 사찰 호넨인이 모습을 드러낸다. 가마쿠라 시대 초기 승려 호넨(法然)이 그의 제자들과 함께 불도를 수행했던 터를 1680년 승려 반무신아(萬無心阿)가 염불소로 건립하면서 지금의 형태로 자리 잡았다.

이끼가 가득한 지붕이 인상적인 삼문은 가을철이 되면 단풍나무와 어우러져 빼어난 풍경을 선사

한다. 정문을 지나 경내에 들어서면 뱌쿠사단(白砂壇)이라 부르는 새하얀 모래성이 양쪽에 자리한다. 모래 위에 그려진 그림은 물을 표현한 것으로, 이곳을 지나면서 심신을 정화하기 위함이라 한다. 본당과 정원을 지나면 이곳의 한적한 분위기를 사랑했던 문인, 학자 등의 저명인사가 잠든 묘지가 있다.

지도 P.155-B2 **주소** 左京区鹿ヶ谷御所ノ段町30 **전화** 075-771-2420 **홈페이지** www.honen-in.jp **운영** 06:00~16:00 **가는 방법** 32번 버스 미나미타마치(南田町) 정류장에서 도보 5분 **발음** 호오넨인

신뇨도 真如堂

불교 천태종의 사찰로 정식 명칭은 진종극락사(真正極楽寺)다. 984년 시가현 히에이산(比叡山)에 있는 사찰 엔랴쿠지(延暦寺)에 안치된 아미타여래노불(阿弥陀如来露仏)을 옮겨오면서 992년 창건하였다. 본당 오른편에 자리한 불상이 '왕궁을 벗어나 중생, 그중에서도 특히 여성을 구제해주오?'라는 물음에 세 번이나 고개를 끄덕였다는 전설 덕분에 여성신자들의 신앙이 두텁다고 한다. 단풍나무 사이로 50m의 삼중탑이 빼꼼히 모습을 드러내는 풍경이며 본당 옆에 자연스럽게 만들어진 단풍 터널을 보면 감탄사가 절로 나온다. 이 때문에 가을철에 맞춰 방문하는 이가 많다.

지도 P.155-B2 **주소** 左京区浄土寺真如町82 **전화** 075-771-0915 **홈페이지** shin-nyo-do.jp **운영** 09:00~16:00 **요금** 고등학생 이상 ￥500, 중학생 ￥400(특별개방기간 고등학생 이상 ￥1,000, 중학생 ￥900), 초등학생 이하 무료 **가는 방법** 5·17번 버스 긴린샤코마에(錦林車庫前) 정류장에서 하차 후 도보 8분 **발음** 신뇨도오

에이칸도젠린지 永観堂禅林寺

정식 명칭은 젠린지이지만 에이칸도라는 이름으로 더욱 알려진 정토종의 총본산이다. 일본 최초의 와카집 〈고킨와카슈(古今和歌集)〉에 '단풍의 에이칸도(モミジの永観堂)'라 기록되어 있을 정도로 유명한 단풍명소다. 산 중턱에 자리한 덕에 경내에서 가장 높은 장소인 다보탑(多宝塔)에서는 교토 시내를 조망할 수 있는데 단풍과 풍성한 대자연을 느낄 수 있어 현지인에게 특히 사랑받는다.

단풍과 더불어 이곳이 유명해진 이유는 고개를 돌린 독특한 형태의 목조불상 '돌아보는 아미타(みかえり阿弥陀)'에 있다. 승려 에이칸(永観)이 염불수행을 하던 중 갑자기 아미타가 단을 내려와 그를 선도하여 길을 걷는 모습에 놀라 멍하니 걸음을 멈추자, 아미타가 고개를 돌려 '에이칸, 걸음이 느리구나'라고 했다는 전설이 내려온다.

지도 P.155-B2 주소 左京区永観堂町48 전화 075-761-0007 홈페이지 www.eikando.or.jp 운영 09:00~17:00 요금 성인 ¥600, 학생 ¥400, 미취학 아동 무료 가는 방법 5번 버스 난젠지에이칸도미치(南禅寺永観堂道) 정류장에서 하차 후 도보 3분 발음 에이칸도오젠린지

게아게 인클라인 蹴上インクライン

1948년에 역할을 다한 582m의 폐선 터. 현재는 봄이 되면 벚꽃이 만발하는 철로길을 거니는 산책 코스로 인기가 높은 곳이다. 사실 어느 계절에 방문해도 특유의 향수를 자극하는 풍경은 변함없이 아름답지만 철로를 따라 길게 이어지는 벚꽃나무가 90그루나 되어 핑크빛 장관을 이룬다. 철로길은 언제든 자유롭게 둘러볼 수 있도록 24시간 무료로 개방되어 있다.

지도 P.155-B2 ▶ 주소 東山区東小物座町339 가는 방법 지하철 도자이(東西)선 게아게(蹴上)역에서 도보 10분 발음 케아게인크라인

헤이안진구 平安神宮

헤이안 천도(平安遷都, 교토로의 수도 이전) 1,100년을 기념하여 1895년에 건립한 신사로 헤이안쿄(平安京)의 궁궐(平安朝大內裏)을 축소·복원하였다. 헤이안진구로 향하는 입구에는 일본 등록 유형문화재(登錄有形文化財)로 지정된 24m 높이의 거대한 도리이(大鳥居)가 우뚝 서 있다. 1976년에 방화사건으로 인해 본전을 비롯한 9개의 건물은 소실되었다. 비교적 최근에 지어진 건물이라 문화재로지정되지 못한 탓에 정부로부터 재건보조금을 받지못하는 상태였으나, 전국에서 기부금이 모여들어 3년 후 본전과 내배전(內拜殿)은 재건될 수 있었다.

지도 P.155-A2 ▶ 주소 左京区岡崎西天王町 전화 075-761-0221 홈페이지 www.heianjingu.or.jp 운영 06:00~18:00 요금 [진엔(神苑)] 성인 ￥600, 어린이 ￥300 가는 방법 5번 버스 오카자키코엔(岡崎公園) 정류장에서 도보 1분 발음 헤에안진구우

오카자키 공원 岡崎公園

헤이안진구를 비롯한 교토시 미술관, 교토 국립 근대 미술관, 호소미 미술관(細見美術館), 교토시 교세라 미술관, 교토시 동물원, 쓰타야 서점 등 개성 넘치는 교토의 주요 문화관광시설이 한데 모인 공원이다. 1895년 일본 내국 관업 박람회가 개최되었던 자리에 헤이안진구를 복원하였고 1904년 여러 문화시설이 들어서면서 더불어 공원을 조성하였다.

지도 P.155-A2 주소 左京区岡崎最勝寺町 **가는 방법** 5번 버스 오카자키코엔(岡崎公園) 정류장에서 바로 **발음** 오카자키코오엔

교토 국립 근대 미술관 京都国立近代美術館

교토가 위치하는 간사이 지방의 예술 작품에 중점을 둔 근대 미술관. 도예, 칠예, 면직 공예를 중심으로 일본화, 유채화, 판화, 조각, 사진 등 폭넓은 분야의 전시회를 개최한다.

지도 P.155-A2 주소 左京区岡崎円勝寺町26-1 **전화** 075-761-4111 **홈페이지** www.momak.go.jp **운영** 10:00~18:00(마지막 입장 문 닫기 30분 전, 금요일~20:00), 월요일·12/29~1/3 휴무 **요금** 전시회마다 다름 **가는 방법** 5·46·86번 버스 오카자키코엔 비주츠칸 헤이안진구마에(岡崎公園 美術館·平安神宮前) 정류장에서 하차 후 바로 **발음** 코오토코쿠리츠킨다이비쥬츠칸

교토시 교세라 미술관 京都市京セラ美術館

신구조화가 어우러진 멋스러운 건축물로 알려진 미술관. 1933년 일본에서 두 번째로 문을 연 역사 깊은 공립 미술관이었으나 재개발을 거쳐 2020년에 재개장하였다. 80년간 사랑받아 온 건물의 옛 모습을 그대로 두되 전면 유리창으로 꾸며진 새로운 현관을 추가했다.

지도 P.155-A2 주소 左京区岡崎円勝寺町124 **전화** 075-771-4334 **홈페이지** kyotocity-kyocera.museum **운영** 10:00~18:00(마지막 입장 17:30), 월요일(공휴일인 경우 운영), 12/28~1/2 휴무 **요금** 성인 ¥730, 학생 ¥300, 미취학 아동 무료 **가는 방법** 5·46·86번 버스 오카자키코엔 비주츠칸 헤이안진구마에(岡崎公園 美術館·平安神宮前) 정류장에서 하차 후 바로 **발음** 쿄오토시코오세라비쥬츠칸

난젠지 南禅寺

가메야마(亀山) 일왕의 행궁을 1291년 사찰로 변경하여 창건한 선종의 대본산이다. 이곳 삼문은 지온인, 닌나지(히가시혼간지를 포함하는 경우도 있다)와 함께 교토 삼대 문으로 꼽힌다. 가부키 '산문고산노키리(楼門五三桐)'에서 주인공 이시카와고에몬(石川五右衛門)이 삼문에 올라 '절경이로다. 절경이로다'라고 말한 것으로 유명한데 이것은 만들어진 이야기로 사실 삼문은 그가 죽은 후 지어졌다고 한다.

난젠지의 주요 볼거리는 호조(方丈) 앞 정원과 수로각이다. '새끼 호랑이 물 건너는 정원(虎の子渡しの庭)'이라는 애칭을 가진 정원은 자갈이나 모래로 산수를 표현한 가레산스이(枯山水) 양식으로 일본의 대표적인 조경가 고보리 엔슈(小堀遠州)가 만들었다. 법당 옆에 우뚝 서있는 다리는 비와호(琵琶湖)의 물을 끌어들이는 수로 역할을 한다. 건립 당시 주변 경관을 해친다는 이유로 반대의 목소리가 높았으나 현재는 아치의 아름다움으로 난젠지의 상징이 되었다.

지도 P.155-B2 **주소** 左京区南禅寺福地町 **전화** 075-771-0365 **홈페이지** nanzenji.or.jp **운영** 3~11월 08:40~17:00, 12~2월 08:40~16:30 **요금** [호조정원·삼문] (각각)성인 ￥600, 고등학생 ￥500, 초등·중학생 ￥400, [난전인] 성인 ￥400, 고등학생 ￥350, 초등·중학생 ￥250, 미취학 아동 무료 **가는 방법** 5번 버스 난젠지에이칸도미치(南禅寺永観堂道) 정류장에서 하차 후 도보 10분 **발음** 난젠지

시센도 詩仙堂

도쿠가와(德川) 정권의 무장이자 문인 이
시카와 조잔(石川丈山)의 은거지로 그가
59세이던 1641년에 세워져 90세 나이로
세상을 떠나기까지 30년간 중국 문학을
연구하며 여생을 보냈다고 한다. 과거에는
울퉁불퉁한 토지에 세워진 주거지라는 의
미의 오우토츠카(凹凸窠)라는 이름으로 불
리기도 하였다. 현재의 시센도라는 이름은
중국 시인 36인의 초상화가 걸린 방 시센
노마(詩仙の間)에서 유래하였다.

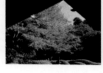

시센노마에서 바라본 정원의 경치는 나무 기둥이 액자틀 역할을 하면서 한 폭의 그림을 보는 듯하다.
정원에는 사슴이나 멧돼지의 침입을 막기 위해 조잔이 고안한 시시오도시(ししおどし, 대나무 물레
방아)가 있는데, 대나무 소리가 마치 배경음악처럼 들려오면서 운치 있는 분위기를 만들어낸다.

지도 P.155-B1 **주소** 左京区一乗寺門口町27 **전화** 075-781-2954 **홈페이지** kyoto-shisendo.net **운영** 09:00~
17:00, 5월 23일 휴무 **요금** 성인 ¥500, 고등학생 ¥400, 초등·중학생 ¥200, 미취학 아동 무료 **가는 방법** 5번 버스
이치조지사가리마쓰초(一乗寺下り松町) 정류장에서 하차 후 도보 7분 **발음** 시센도오

엔코지 圓光寺

작은 사찰이지만 수려한 풍경으로 현지인에게 인기가 높은 숨은 단풍 명소다.
1601년 도쿠가와 이에야스(德川家康)가 교학의 발전을 위해 후시미(伏見) 지역
에 학교로 세운 것이 시작이며 1667년 지금의 자리로 이전하였다. 일본 초기의
활자본 중 하나인 후시미판(伏見版) 또는 엔코지판(圓光寺版)이라 부르는 인쇄

사업을 시행하면서 각종 서적을 간행하였다. 당시 출판에 사용되었던 목제 활자본은 현재도 경내에 보존
되어 있으며 일부를 볼 수 있다.

입구를 지나면 보이는 혼류테(奔龍庭)는 천공을 자유자재로 날아다니는 용을 석조로 표현한 가레산스
이(枯山水) 정원이다. 본당에 앉아 주규노니와(十牛之庭) 정원을 감상하는 것이 이곳의 놓칠 수 없는
하이라이트. 붉고 노란 단풍이 지기 시작할 무렵에 방문하면 더욱 아름다운 경치를 감상할 수 있다.

지도 P.155-B1 **주소** 左京区一乗寺小谷町13 **전화** 075-781-8025 **홈페이지** www.enkouji.jp **운영** 09:00~17:00
요금 성인 ¥500, 중·고등학생 ¥400, 초등학생 ¥300, 미취학 아동 무료 **가는 방법** 5번 버스 이치조지사가리마쓰초
(一乗寺下り松町) 정류장에서 도보 10분 **발음** 엔코오지

금각사·니조조 金閣寺·二条城

금각사 金閣寺 유네스코

기요미즈데라와 함께 교토 관광 명소의 양대 산맥으로 꼽히는 사찰이다. 정식 명칭은 로쿠온지(鹿苑寺)이지만 금박으로 장식된 3층 누각 샤리덴(舍利殿)이 유명한 탓에 일반적으로는 '금각사'라 부른다. 은각사(P.68)와 더불어 쇼코쿠지(相国寺)의 부속 사원으로 무로마치 막부(室町幕府)의 3대 장군 아시카가 요시미츠(足利義満)의 저택을 1420년 그의 아들이자 4대 장군 아시카가 요시모치(足利義持)가 절로 바꾼 것이다. 무로마치 시대 초기에 번영했던 기타야마(北山) 문화를 상징하는 건축물로 경내 정원과 건축은 극락정토의 세계를 재현했다.

샤리덴은 3층짜리 목조 건물로 1층은 헤이안 시대 귀족의 주택양식인 신덴즈쿠리(寝殿造), 2층은 가마쿠라 시대 무가의 주택양식 부케즈쿠리(武家造), 3층은 중국의 건축양식 젠슈부츠덴즈쿠리(禅宗仏殿造)로 지어 각각 다른 형태를 띠고 있다. 샤리덴에 사용된 금박은 일반 금박보다 5배 두꺼운 것을 사용하여 붙이기가 매우 어렵다고 하는데 그만큼 장인의 정성과 노력이 담겨 있다. 1950년 수습 승려가 일으킨 방화로 전체가 불에 타 사라지는 바람에 지금의 건물은 1955년 복원한 것이다.

지도 P.156상단-B 주소 北区金閣寺町1 전화 075-461-0013 홈페이지 www.shokoku-ji.jp/kinkakuji 운영 09:00~17:00, 연중무휴 요금 성인 ￥500, 초등·중학생 ￥300 가는 방법 12·59번 버스 긴카쿠지마에(金閣寺前) 정류장에서 하차 혹은 10·102·204·205번 버스 긴카쿠지미치(金閣寺道) 정류장에서 하차 후 도보 6분 발음 킨카쿠지

료안지 龍安寺 유네스코

1450년 무로마치(室町) 시대의 무장 호소카와 가쓰모토(細川勝元)가 묘신지(妙心寺)의 부속 사원으로 창건한 사찰. 가레산스이(枯山水) 정원의 대표 격으로 물을 사용하지 않고 오로지 돌과 모래로만 산수풍경을 표현한 정원 양식이다. 호조(方丈) 정원은 15개의 돌과 하얀 자갈로 꾸며져 있다.

180m의 낮은 흙담과 어우러진 정원은 불교의 수행법 가운데 하나인 선(禅)을 상징하기도 하여 선의 정원(禅の庭)으로도 부른다. 유명한 엽전 모양의 쓰쿠바이(つくばい)는 호조 뒤편에 있다. 쓰쿠바이란 다실에 들어가기 전 손을 깨끗이 씻기 위해 마련된 그릇을 말하는데, 사방에 오유지족(吾唯知足)이라 적힌 이것은 석가모니가 남긴 '만족을 알면 가난해도 부유하고 만족을 모르면 부유해도 가난하다'는 가르침을 도안화한 것이다.

지도 P.156상단-A 주소 右京区龍安寺御陵下町13 전화 075-463-2216 홈페이지 www.ryoanji.jp 운영 3~11월 08:00~17:00, 12~2월 08:30~16:30, 연중무휴 요금 성인 ￥600, 고등학생 ￥500, 초등·중학생 ￥300 가는 방법 59번 버스 료안지마에(龍安寺前) 정류장에서 하차 후 도보 1분 발음 료오안지

닌나지 仁和寺 유네스코

886년에 건립을 시작해 888년 완성한 절은 우다(宇多) 일왕이 그해 연호인 닌나를 따 닌나지라고 이름을 붙였다. 일왕은 897년 아들에게 왕위를 물려준 다음 출가하여 사찰 내에 오무로고쇼(御室御所)라 불리는 거처를 마련했고, 이를 필두로 왕족과 귀족이 주지를 맡는 특정 사원을 뜻하는 몬제키(門跡) 사원이 생겨나기 시작한다.

1467년 오닌의 난(応仁の乱) 당시 일어난 화재로 대부분이 소실되었으나 1646년에 본래의 모습을 회복하였다. 교토 삼대 문 중 하나인 니오몬(二王門)을 지나 넓은 경내로 들어서면 고풍스러운 정원을 간직한 고덴(御殿), 현존하는 가장 오래된 시신덴(紫宸殿)을 이축한 금당(金堂), 일본 중요문화재로 지정된 오중탑 등 볼거리가 풍성하다. 특히 벚꽃 명소로 손꼽히는 오무로자쿠라(御室桜)는 높이가 낮고 교토에서 가장 늦게 피는 것이 특징이다.

지도 P.156상단 -A 주소 右京区御室大内33 **전화** 075-461-1155 **홈페이지** ninnaji.jp **운영** 3~11월 09:00~17:00 12~2월 09:00~16:30 **요금** [고쇼정원] 성인 ￥800, [레이호칸] 성인 ￥500, [오무로하나마쓰리] 성인 ￥500, 고등학생 이하 무료 **가는 방법** 란덴(嵐電) 기타노(北野) 선 오무로닌나지(御室仁和寺) 역에서 하차 후 도보 2분**발음** 닌나지

고류지 広隆寺

교토에서 가장 오래된 사찰로 경내의 레이호덴(靈宝殿)에 국보 20점과 중요 문화재 48점이 전시된 곳으로 유명하다. 특히, 아스카(飛鳥), 후지와라(藤原), 가마쿠라(鎌倉) 등 각 시대를 대표하는 불상이 한자리에 모여 있다. 이곳의 자랑인 일본 국보 제1호 '목조미륵보살반가사유상(木造弥勒菩薩半跏像)'은 우리나라 국보 83호

금동미륵보살반가사유상과 매우 흡사하다는 점과 일본에서 목조 불상으로 잘 사용하지 않는 적송으로 만들었다는 점, 이 절을 세운 하타씨(秦氏)가 신라 도래인이라는 점 등을 들어 신라에서 제작하여 건너왔다는 설에 무게를 싣고 있다.

지도 P.156상단 -A 주소 右京区太秦蜂岡町32 **전화** 075-861-1461 **운영** 3~11월 09:00~17:00, 12~2월 09:00~ 16:30 **요금** 성인 ￥800, 고등학생 ￥500, 초등·중학생 ￥400, 미취학 아동 무료 **가는 방법** 게이후쿠(京福) 전철 우즈마사코류지(太秦広隆寺) 역에서 하차 후 도보 1분**발음** 코오류우지

기타노텐만구 北野天満宮

일본 전국에 있는 1만 2,000곳의 덴만구(天満宮)의 총본사. 예부터 입시 합격, 학업 성취, 문화 예능, 재난 기원을 비는 곳으로 사랑받고 있다. 계절이 바뀔 때마다 다양한 모습을 보여주어 특별히 소망하는 일이 없더라도 항상 많은 인파로 붐빈다. 특히 1월 하순부터 피는 50종의 매화 1,500여 그루가 일제히 꽃을 피어 아름다움을 뽐낸다. 또한 8월에는 견우와 직녀가 만난 날을 기념해 열리는 칠석축제(棚機祭)를 개최해 다양한 이벤트가 열린다.

지도 P.156상단 -B ▶ 주소 上京区馬喰町 전화 075-461-0005 홈페이지 www.kitanotenmangu.or.jp 운영 07:00~20:00 요금 무료(2~3월 꽃의 정원 중학생 이상 ¥1,200, 초등학생 ¥600) 가는 방법 10·50·203번 버스 기타노텐만구마에(北野天満宮前) 정류장에서 도보 1분 발음 키타노텐만구

겐코앙 源光庵

교토의 숨은 단풍 명소로 알려진 조동종 사찰. 본당에 있는 두 개의 창을 통해 살며시 보이는 붉은 단풍이 아름다워 매년 가을 많은 방문객의 행렬이 줄을 잇는다. 왼쪽에 있는 동그란 창은 '깨달음의 창(悟りの窓)'으로, 불교의 교리인 '선(禅)과 원통(円通)'의 마음을 나타내고 원은 대우주를 표현하기도 한다. 여기서 선은 '깨달음의 경지에 도달하는 수행과 자세'를, 원통은 '진리를 깨닫는 지혜의 실천'을 의미한다. 바로 옆에 있는 네모난 '방황의 창(迷いの窓)'은 인간의 생애를 상징하며, 생로병사의 고통과 괴로움을 표현한다.

지도 P.156상단 -B ▶ 주소 北区鷹峯北鷹峯町47 전화 075-492-1858 홈페이지 genkouan.or.jp 운영 09:00~17:00 (마지막 입장 16:30) 요금 ¥400(11월 ¥500) 가는 방법 1·6번 버스 다카가미네겐코앙마에(鷹峯源光庵前) 정류장에서 도보 1분 발음 겐코오앙

다이토쿠지 大德寺

임제종 다이토쿠지파의 대본산으로 임제종의 5대 사찰인 교토 오산(京都五山) 중 하나다. 광대한 경내에는 조쿠시몬에서 삼문, 불전, 법당, 방장에 이르기까지 절이 갖추어야 할 7가지 건축물을 일컫는 칠당가람(七堂伽藍)이 남북으로 길게 뻗어 있으며 부속 사원만도 22개에 달한다.

이 중 삼문은 일본 다도 문화를 정립한 다인 센노 리큐(千利休)가 증축한 2층 긴모카쿠(金毛閣) 내부에 자신의 조각상을 안치했다는 이유로 도요토미 히데요시(豊臣秀吉)로부터 할복의 명을 받아 죽음에 이른 일화가 전해진다. 료겐인(龍源院), 고토인(高桐院), 다이센인(大仙院), 즈이호인(瑞峰院) 등 네 군데 부속 사찰을 제외하고 일반인에게 공개하지 않는다.

지도 P.156상단-B **주소** 北区紫野大徳寺町53 **운영** 10:00~16:30 **전화** 075-491-0019 **요금** 무료 **가는 방법** 1·204·205·206번 버스 다이토쿠지마에(大徳寺前) 정류장에서 하차 후 도보 1분 **발음** 다이토쿠지

Tip 아부리모찌 전문점

사찰 뒤편에는 헤이안(平安) 시대부터 즐겨 먹던 1,000년 이상의 역사를 가진 떡꼬치 '아부리모찌(あぶり餠)' 전문점이 두 군데 있다. 아부리모찌는 노란 콩가루를 묻힌 한입 크기의 떡을 숯불에 구워 고소함을 내고 마무리로 특제 소스인 흰 미소된장을 곁들인 것이다.

[이치와(一和)] **지도 P.156상단-B** **주소** 北区紫野今宮町69 **운영** 10:00~17:00, 수요일 휴무

[가자리야(かざりや)] **지도 P.156상단-B** **주소** 北区紫野今宮町96 **운영** 10:00~17:00, 수요일 휴무

가미가모 신사 上賀茂神社 유네스코

시모가모 신사(下鴨神社)와 마찬가지로 교토에서 손꼽히는 오래된 신사다. 고대 씨족인 가모 씨(賀茂氏)를 신으로 모신다. 정식 명칭은 가모와케이카즈치신사(賀茂別雷神社)로, 유네스코 세계문화유산 '고도 교토의 문화재'로 등록되어 있다.

신사에 들어서면 눈에 띄는 것이 다테즈나(立砂)라고 하는 원뿔형의 모래성이다. 신사 북쪽에 있는 신이 처음 강림했던 고우산(神山)을 형상화한 것이다. 매년 5월에 열리는 아오이마쓰리(葵祭)는 폭풍우와 홍수로 피해를 입지 않도록 성대한 축제를 열었던 것이 기원이다.

지도 P.154-A1 **주소** 北区上賀茂本山339 **전화** 075-781-0011 **홈페이지** www.kamigamojinja.jp **운영** 05:00~17:00 **요금** 무료 **가는 방법** 4·46·67번 버스 가미가모진자마에(上賀茂神社前) 정류장에서 바로 **발음** 카미가모진자

시모가모 신사 下鴨神社 유네스코

정식 명칭은 가모미오야 신사(賀茂御祖神社)로, 가모강(鴨川)과 다카노강(高野川) 사이에 있는 삼각지대에 위치한다. 고대 씨족인 가모씨(賀茂氏)를 신으로 모시며, 순산과 육아의 신 다마요리비메(玉依姫)와 액운을 떨치고 행운을 가져다주는 신 가모 다케쓰누미(賀茂建角身)가 제신이다. 입구에 들어서면 3만 6,000평에 이르는 삼림 다다스노모리(糺の森)가 눈앞에 펼쳐져 신성한 분위기의 산책로로 인기가 높다.

경내에는 두 신을 모신 본전과 함께 크고 작은 신사가 있다. 미인이 될길 기원하는 가와이 신사(河合神社), 부부 화합과 사랑이 이루어지길 기원하는 아이오이샤(相生社), 십이지신에 참배를 하면 복이 온다는 고토샤(言社) 등 자신의 소원에 따라 신사를 선택할 수 있다는 점이 재미있다. 〈겐지모노가타리(源氏物語)〉, 〈마쿠라노소시(枕草子)〉 등 일본의 고전문학 작품에도 등장하는 축제 아오이마쓰리(葵祭)가 매해 5월에 개최된다.

지도 P.154-B1 ▶ **주소** 左京区下鴨泉川町59 **전화** 075-781-0010 **홈페이지** www.shimogamo-jinja.or.jp **운영** 06:30~17:00 **가는 방법** 4·205번 버스 시모가모진자마에(下鴨神社前) 정류장에서 도보 2분 **발음** 시모가모진자

Tip 미타라시 당고의 발상지

신사 서쪽에는 연못에 솟아나는 물거품을 형상화해 만든 일본식 경단 미타라시 당고(みたらし団子)의 발상지인 경단 전문점 '가모미타라시차야(加茂みたらし茶屋)'가 있으니 한번 체험해보자.

지도 P.154-B1 ▶ **주소** 左京区下鴨松ノ木町53 **운영** 월~금요일 09:30~18:30, 토·일요일 09:30~19:00, 수요일 휴무

가모가와 델타 鴨川デルタ

교토 시내를 유유히 흐르는 가모강(鴨川)과 교토 북부에서 흘러내려오는 다카노강(高野川)이 합류하는 지점에 형성된 장소를 이르는 말. 하천이 운반한 물질이 하구 부근에 퇴적되면서 생긴 삼각주 지형이 그리스 문자 '델타(Δ)'를 닮았다 하여 이름 붙여졌다. 삼각주 양 옆에는 거북이와 새 모양을 한 징검다리가 놓여 있어 이곳을 오갈 수 있다. 가족 단위 나들이객의 소풍 명소나 인근 대학에 재학 중인 대학생들의 쉼터로 사랑받고 있다.

지도 P.154-B1 ▶ **주소** 左京区下鴨宮河町 **가는 방법** 게이한(京阪) 전철 본선 데마치야나기(出町柳) 역 5번 출구에서 하차 후 도보 1분 **발음** 카모가와데루타

교토고쇼 京都御所

고곤(光厳) 일왕이 즉위한 1331년부터 도쿄로 수도를 이전하기까지 약 500년간 거처로 삼았던 왕궁이다. 교토시 중심의 거대한 녹지 교토교엔(京都御苑) 내에 위치하며, 당시 궁궐의 형태를 보존한 유서 깊은 건축물이다. 메이지 유신(明治維新) 이후 도쿄로 수도를 옮기면서 황폐해졌으나 메이지(明治) 일왕의 명령으로 공사를 진행한 후 1855년 재건되어 지금의 형태가 되었다. 일부는 헤이안(平安) 시대의 건축 양식을 띠고 있다.

지도 P.154-A1 ▶ 주소 上京区京都御苑1 전화 075-211-1215 홈페이지 sankan.kunaicho.go.jp/guide/kyoto.html 운영 3·9월 09:00~16:30(마지막 입장 15:50), 4~8월 09:00~17:00(마지막 입장 16:20), 10~2월 09:00~16:00(마지막 입장 15:20), 월요일(공휴일인 경우 다음 날), 12/28~1/4 휴무 가는 방법 지하철 가라스마(烏丸) 선 이마데가와(今出川) 역 3번 출구에서 하차 후 도보 5분 발음 쿄오토고쇼

교토교엔 京都御苑

에도(江戸) 시대 왕족과 귀족, 관리들이 거주하던 저택이 150여 채 모여 있던 작은 마을 터로, 이후 메이지 시대에 수도가 도쿄로 천도되면서 저택을 전부 없애고 공원으로 재정비하여 시민들에게 개방되었다. 동서 약 700m, 남북 1.3km로 쭉 뻗은 드넓은 부지에는 교토고쇼와 교토 영빈관을 품고 있으며, 사계절의 변화를 느낄 수 있는 푸르른 녹지가 펼쳐진다. 특히 벚꽃피는 봄철이 되면 핑크빛으로 물든 아름다운 풍경을 한눈에 담을 수 있다.

지도 P.154-B2 ▶ 주소 上京区京都御苑3 홈페이지 kyotogyoen.go.jp 운영 24시간 가는 방법 지하철 가라스마(烏丸) 선 마루타마치(丸太町) 역 1번 출구에서 하차 후 도보 5분 발음 쿄오토교엔

교토국제만화박물관 京都国際マンガミュージアム

만화학부가 있는 교토세카대학교(京都精華大学)와 교토시가 공동으로 운영하는 일본의 첫 만화종합박물관이다. 국내외 만화책과 잡지, 관련 역사 자료 등 총 30만 점을 소장하고 있다. 만화와 관련 자료를 수집하여 보관·전시하며 만화 문화에 관한 조사 및 연구도 활발하게 진행하고 있다.

박물관과 도서관의 기능을 함께하는 문화시설로 일부 자료는 연구열람실에서 열람할 수 있다. 200m 높이의 서가 '만화의 벽(マンガの壁)'에 배치된 약 5만 권의 만화책은 박물관 내부나 정원에서 자유롭게 읽을 수 있다.

지도 P.154-A2 ▶ 주소 中京区烏丸通御池上ル 전화 075-254-7414 홈페이지 www.kyotomm.jp 운영 10:00~17:30(마지막 입장 17:00), 수요일(수요일이 공휴일인 경우 다음 날), 연말연시 휴관 요금 성인 ¥900, 중·고등학생 ¥400, 초등학생 ¥200, 미취학 아동 무료 가는 방법 지하철 가라스마(烏丸) 선, 도자이(東西) 선 가라스마오이케(烏丸御池) 역 2번 출구에서 하차 후 도보 2분 발음 쿄오토코쿠사이망가하쿠부츠칸

니조조 二条城 [유네스코]

세키가하라 전투(関ヶ原合戦)에서 승리하여 일본 통일을 이룬 도쿠가와 이에야스(徳川家康)가 1603년 건립한 성이다. 교토에서 지낼 거처로 지었으나 교토고쇼에 사는 일왕을 감시하는 정치적 목적도 있었다. 처음에 니노마루고텐(二の丸御殿)만 있던 성은 1626년 3대 장군 도쿠가와 이에미츠(徳川家光)에 의해 확장되면서 지금의 모습으로 완성되었다. 1867년 에도 막부의 마지막 장군 도쿠가와 요시노부(徳川慶喜)가 일왕에게 정권을 돌려주면서 니조조는 왕실 소관이 되었고 이후 교토시에 하사되면서 모토리큐니조조(元離宮二条城)로 개칭되었다.

화려한 가라몬(唐門)으로 강렬한 첫인상을 안겨주는 니노마루고텐은 모모야마 시대의 건축 양식 부케후쇼인즈쿠리(武家風書院造)의 대표적인 건축물이다. 장군의 침실, 대면 장소로 쓰였던 6개 건물로 이루어져 있으며 규모는 1,000여 평에 이른다. 복도 마루를 걸을 때마다 나는 소리가 새소리와 흡사하다 하여 우구이스바리(鶯張り)라 불리는데 이는 외부 침입자의 탐지를 목적으로 설계된 것이라 한다. 니조조 건립 때 만든 정원은 일본의 대표적인 조경가 고보리 엔슈(小堀遠州)에 의해 조성된 지천회유식 정원으로 건축물과의 조화가 탁월하다. 1626년 증축 당시 세운 혼마루고텐(本丸御殿)은 니노마루와 비슷한 규모였으나 화재로 인해 소실되었고 현재의 건물은 교토고쇼(京都御所)에 있었던 규카츠라노미야고텐(旧桂宮御殿)을 이축한 것이다. 혼마루고텐은 2023년 5월 기준, 공사 중이다.

지도 P.154-A2 **주소** 中京区二条通堀川西入二条城町541 **전화** 075-841-0096 **홈페이지** nijo-jocastle.city.kyoto.lg.jp **운영** 08:45~17:00(마지막 입장 16:00), 1·7·8·12월 매주 화요일, 12월 26일~1월 3일 휴무 **요금** [니조조] 성인 ￥800, 중·고등학생 ￥400, 초등학생 ￥300, 미취학 아동 무료, [니노마루고텐] 성인 ￥500, 고등학생 이하 무료 **가는 방법** 지하철 도자이(東西)선 니조조마에(二条城前) 역에서 바로 **발음** 니조오조오

> **Tip** 니조조 가이드 투어

① 프라이빗 투어
원래 니조조에는 영어 가이드 투어가 있었지만 코로나19로 중단되었다. 하지만 개별적으로 신청하면 프라이빗 투어로 즐길 수 있다. 이메일(kyoto-tours@mykjpn.co.jp)이나 전화(075-252-6636)로 문의하면 된다. 투어는 영어로만 진행된다.
운영 월~금요일 09:00~18:00

② 음성 가이드기 대여
니조성에 대한 안내를 들으면 둘러볼 수 있는 음성 가이드기를 유료로 대여한다. 요금은 1대당 ￥600. 종합 안내소에서 대여할 수 있다. 약 1시간 정도 소요되며, 한국어도 제공되어 편리하다.

┌─ Course ○

니조조 추천 코스

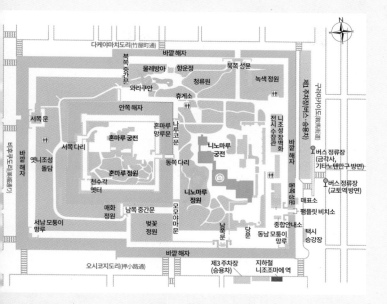

추천 코스
(2시간 소요)

① 동쪽 성문	② 경비실	③ 동남 모퉁이 망루	④ 당문
⑨ 서쪽 다리 (북쪽 루트)	⑧ 천수각 옛터	⑦ 혼마루 정원& 혼마루 궁전	⑥ 특별 명승& 니노마루 정원	⑤ 국보&니노마루 궁전
⑩ 와라쿠안	⑪ 청류원	⑫ 향운정	⑬ 니조성 장벽화 전시 수장관	⑭ 동쪽 성문

빠르게 둘러보고 싶은 여행객을 위한
단축 코스 (1시간 소요)

① 동쪽 성문	② 경비실	③ 동남 모퉁이 망루
⑨ 동쪽 성문	⑧ 니조성 장벽화 전시 수장관	⑦ 청류원	⑥ 특별 명승& 니노마루 정원	⑤ 국보&니노마루 궁전	④ 당문

교토역 京都駅

교토역 京都駅

교토의 주요 시내를 지나는 JR 전철과 일본의 KTX 격인 신칸센(新幹線)이 정차하는 교통 요지다. 하루 이용객만 41만 명을 넘어 일본에서도 손에 꼽힐 정도로 혼잡한 편이다. 지하 2층, 지상 11층 총 13층의 역 건물에는 백화점, 종합 쇼핑몰, 호텔, 식당가, 극장, 미술관 등 다양한 시설이 갖추어져 있다. 일본을 대표하는 백화점 브랜드 중 하나인 이세탄(伊勢丹)이 지하 2층에서부터 11층까지 자리하며, 홋카이도에서 후쿠오카까지 일본 전국의 유명 라멘 전문점만을 모은 식당가 교토라멘코지(京都拉麺小路)는 10층에, 교토 지역 브랜드가 총출동한 전문상가 교토 포르타(京都ポルタ)가 지하 2층에서부터 지하 1층까지 자리한다.

지도 P.151-A1·B1 주소 下京区東塩小路町 전화 0570-00-2486 홈페이지 www.kyoto-station-building.co.jp 운영 시설마다 다름 가는 방법 JR 전철 교토(京都) 역에서 바로 발음 코오토에키

> **Tip 관광객이 갈 만한 교토역 내 시설**
>
> 2층 교토 종합 관광 안내소 교나비(京なび)와 역 군데군데 있는 전망 시설도 돌아볼 만하다. 10층 교토라멘코지 입구 옆에 위치한 스카이웨이(空中経路)는 지상 45m 높이의 철제 다리로, 전체가 통유리로 되어 있어 교토타워를 비롯한 전경이 내려다보인다. 건물 옥상에 있는 하늘 정원(大空広場)도 교토 시내가 훤히 내려다보이는 야경 명소 중 하나.
>
>
> 하늘 정원
>
>
> 스카이웨이

교토 타워 京都タワー

JR 교토역 바로 맞은편 건물 옥상에 솟아 있는 지상 131m 높이의 전망탑으로, 교토에서 가장 높은 건축물이다. 1953년 본래 이 자리에 있던 교토중앙우체국이 이전하면서 교토의 현관문인 교토역과 마주하기에 적합한 건물 설립을 검토하였고 전망대 건설이 결정되었다. 교토 타워는 시공 1년 10개월만인 1964년 12월에 개장하였다. 당시 1,000년의 역사를 자랑하는 교토의 아름다운 경관을 해친다는 반대 의견이 제기되었으나 건축가 야마다 마모루(山田守)가 교토 경관과 조화롭게 어우러지도록 흰색 원통의 외형으로 설계하였다. 그는 바다가 없는 교토 시내를 지킨다는 의미에서 등대를 모티브로 하였다. 교토 일대를 한눈에 조망할 수 있어 현재는 교토 시민과 관광객에게 사랑받는 랜드마크로 자리매김하였다.

지도 P.150하단 -B **주소** 下京区烏丸通七条下る東塩小路町721-1 **전화** 075-361-3215 **홈페이지** www.kyoto-tower.jp **운영** 10:30~21:00(마지막 입장 20:30) **요금** 성인 ￥900, 고등학생 ￥700, 초등·중학생 ￥600, 3세 이상 ￥200, 2세 이하 무료 **가는법** JR 전철 교토(京都) 역 중앙 출구에서 하차 후 도보 1분 **발음** 쿄오토타와아

교토 타워에서 보이는 교토 시내

Tip 교토 타워 200% 즐기기

① 교토의 밤을 환하게 비추는 교토 타워는 보통 흰색 조명을 켜지만 간혹 이벤트성으로 초록, 핑크, 레드 등 색다른 조명을 비출 때가 있다. 공식 홈페이지에서 라이트 업 스케줄을 확인할 수 있으니 방문 전 체크해두자.
홈페이지 www.kyoto-tower.jp/lightup

② 교토 타워 건물 지하 1층부터 2층은 교토의 미식, 기념품 쇼핑, 문화체험을 즐길 수 있는 상업시설 '교토 타워 산도(Kyoto Tower Sando)' 가 들어서 있다.

지하 1층은 교토의 인기 맛집 지점이, 1층은 교토에서만 만날 수 있는 각종 기념품을 판매하는 마켓이, 2층은 화과자와 초밥 만들기, 기모노 입기 등 문화 체험 워크숍 공간이 자리하고 있으니 전망대 감상 후 들러 보자.
홈페이지 www.kyoto-tower-sando.jp

교토 국립 박물관 京都国立博物館

1897년에 문화재에 관한 조사·연구를 통해 귀중한 문화재를 보존하고 활용하기 위한 목적으로 개관한 교토 최대 규모의 국립 박물관. 일본 국보 26점과 중요 문화재 181점을 포함한 약 1만 2,500여 점을 소장하고 있다. 주로 헤이안(平安) 시대부터 에도(江戸) 시대까지의 교토 문화재를 보관, 전시하고 있다.

교토 국립 박물관의 상징이자 빨간 벽돌의 외관이 인상적인 구 본관 건물 메이지고도관(明治古都館)은 일본 근대 건축의 거장 가타야마 도쿠마(片山東熊)에 의해 프랑스 르네상스 양식으로 설계되었으며 일본 유형 문화재로도 지정되어 있다. 메이지고도관 앞에는 로댕의 대표작 '생각하는 사람'의 복제품이 전시되어 있다. 2014년 9월에는 세계적인 건축가 다니구치 요시오(谷口吉生)가 설계한 상설 전시관 헤이세이지신관(平成知新館)을 열었다. 과거와 현재가 조화롭게 어우러진 일본의 건축미를 느껴볼 수 있다.

지도 P.151-B1 **주소** 東山区茶屋町527 **전화** 075-525-2473 **홈페이지** www.kyohaku.go.jp **운영** 09:00~17:30, 월요일(공휴일인 경우 다음 날), 10/6, 12/25~1/1 휴관 **요금** 전시마다 다름 **가는 방법** 206·208번 버스 하쿠부츠칸·산주산겐도마에(博物館·三十三間堂前) 정류장에서 도보 1분 **발음** 쿄토코쿠사이하쿠부츠칸

산주산겐도 三十三間堂

정식 명칭은 렌게오인(蓮華王院)으로, 고시라카와(後白河) 일왕이 행궁 내 창건한 불당이다. 본당의 명칭인 산주산겐도를 통칭하여 부르는 것은 기둥과 기둥 사이에 공간이 33칸 있어 붙여진 이름이다. 불당 내에는 국보로 지정된 천수관음좌상(中尊千手観音坐像)을 중심으로 10열 단상에 1,000개의 천수관음상이 진열되어 있다. 양쪽에 40개 팔이 달린 천수관음상이 내부를 가득 채운 광경이 압권이다. 화재로 인해 헤이안(平安) 시대에 만들어진 불상은 124체에 불과하고 나머지는 가마쿠라(鎌倉) 시대에 16년에 걸쳐 복원하였다.

지도 P.151-B1 **주소** 東山区三十三間堂廻町657 **전화** 075-561-0467 **홈페이지** sanjusangendo.jp **운영** 4월 1일~11월 15일 08:00~17:00(마지막 입장 16:30), 11월 16일~3월 09:00~16:00(마지막 입장 15:30), 연중무휴 **요금** 성인 ￥600, 중·고등학생 ￥400, 어린이 ￥300 **가는 방법** 100·206·208번 버스 하쿠부츠칸산주산겐도마에(博物館·三十三間堂前) 정류장에서 하차 후 바로 **발음** 산주우산겐도오

히가시혼간지 東本願寺

정토진종의 사찰로 1602년 도쿠가와 이에야스 (徳川家康)로부터 토지를 하사받아 혼간지 12 대 법주 교뇨(教如)가 창건하였다. 정식 명칭은 신슈혼뵤(真宗本廟)이나 니시혼간지의 동쪽에 위치한다는 이유로 히가시혼간지라 통칭한다. 세계에서 가장 큰 목조 건물인 고에이도(御影 堂)는 높이 38m, 폭 76m, 안 길이 58m의 규모 로 지붕에 쓰인 기왓장만 17만5,000장이다. 아 미다도(阿弥陀堂)에는 본존아미타여래상(本尊 阿弥陀如来)이 안치되어 있으며 오른쪽 단상에 는 쇼토쿠 태자(聖徳太子)가, 왼쪽에는 교뇨의 초상화가 걸려있다.

현재 건물은 4번의 화재로 인해 소실된 후 1895년에 재건된 것이다. 큰 재료를 끌어올릴 때 운반용 밧줄은 끊어지기 일쑤라 전국의 여신 도가 보낸 머리카락을 섞어 밧줄을 새로 만들었

다고 한다. 덕분에 무사히 공사를 마무리할 수 있었고 그 당시 사용했던 밧줄 일부가 전시되어 있다.

지도 P.151-A1 **주소** 下京区烏丸通七条上ル **전화** 075-371-9181 **홈페이지** www.higashihonganji. or.jp **운영** 4~9월 06:20~16:30, 10~3월 05:50~ 17:30, 12월 25일~1월 3일 휴무 **요금** 무료 **가는 방법** 지하철 가라스마(烏丸) 선 교토(京都) 역 4번 출구에서 하차 후 도보 7분 **발음** 히가시혼간지

니시혼간지 西本願寺 유네스코

정토진종 혼간지파의 대본산으로 정식 명칭은 료코쿠산혼간지(龍谷山本願寺)이지만 니시혼 간지로 불리는 경우가 대부분이다. 현지인 사이 에서는 오니시상(お西さん)이라는 애칭으로 통 한다. 가마쿠라(鎌倉) 시대의 고승이자 정토진 종 창시자인 신란쇼닌(親鸞聖人)이 입적한 후 그의 딸 가쿠신니(覚信尼)가 신란의 유골을 안 치한 사당을 지은 것이 이곳의 시작이다. 이후 도요토미 히데요시가 기증한 지금의 자리로 이 전하였고, 1602년 도쿠가와 이에야스가 교뇨에 게 동쪽 사찰을 주면서 동서로 분리되었다.

넓은 경내에는 11개의 일본 국보와 중요문화재로 지정된 건축물이 있으며, 1994년 '고도 교토의 문 화재'로서 유네스코 세계문화유산으로 등재되어 있다. 한 화면에 동시에 담기 어려울 정도로 웅장함 을 뽐내는 고에이도와 아미다도는 일본 최대 규모의 목조 건물이다. 이 앞에 우뚝 솟은 은행나무 역 시 400년 이상의 역사를 자랑하는 천연기념물이다. 고에이도 왼쪽 뒤편에 자리한 가라몬(唐門)은 모 모야마(桃山) 시대의 호화로운 장식 조각을 새긴 사각 문으로 그 화려함에 감탄하여 해가 지는 줄도 모르고 온종일 보고 있다는 의미에서 '해 저무는 문(日暮らし門)'이라고도 불린다.

지도 P.151-A1 **주소** 下京区堀川通花屋町下ル **전화** 075-371-5181 **홈페이지** www.hongwanji.kyoto **운영** 5:30~17:00 **요금** 무료 **가는 방법** 9·28·75번 버스 니시혼간지마에(西本願寺前) 정류장에서 도보 1분 **발음** 니시혼 간지

도오지 東寺 유네스코

높이 54.8m에 달하는 일본에서 가장 높은 목조 오중탑이 있는 사찰. 일본의 옛 수도이자 교토의 옛 이름인 헤이안쿄(平安京) 역사에서 유일하게 남아있는 유구로, 당시 남쪽 현관문이었던 라조몬(羅城門) 동쪽에 세워졌다. 823년 대승불교의 한 분야인 밀교를 일본에 전파한 고보 대사(弘法大師)에게 하사되면서 진언종의 총본사가 되었다.

남대문에 들어서면 보이는 금당(金堂)은 이곳의 본당이다. 모모야마(桃山) 시대를 대표하는 불사 고쇼(康正)의 작품 야쿠시산존(薬師三尊)이 안치되어 있다. 금당 바로 뒤편에 자리한 강당(講堂) 내부에는 21체의 입체 만다라 불상이 전시되어 있다. 그림으로 이해하기 어려운 만다라를 보다 사실적으로 표현하고자 고보 대사가 불상으로 제작한 것이다. 오중탑은 강당 뒤편 식당(食堂)으로 가는 길목 입구를 통해 정원을 지나면 볼 수 있다. 교토의 랜드마크로 교토인의 사랑을 받고 있는 이 탑은 4차례 소실된 후 1644년 재건되면서 지금의 모습을 갖췄다.

Tip 야간 특별 관람

매년 벚꽃 시즌을 맞이해 꽃이 어우러진 아름다운 밤 풍경을 감상할 수 있도록 3월 중순부터 4월 중순까지 야간 특별 관람 이벤트를 개최한다. 도오지의 상징인 오층탑과 벚꽃 나무 200그루를 비롯해 곳곳에 조명을 설치해 경내를 환하게 비춘다.

지도 P.151-A1·A2 주소 南区九条町1 **전화** 075-691-3325 **홈페이지** www.toji.or.jp **운영** 05:00~17:00(금당·강당 08:00~17:00), 연중무휴 **요금** 시기마다 다르므로 홈페이지 확인 필수 **가는 방법** 19·78번 버스 도오지난몬마에(東寺南門前) 정류장에서 도보 2분 **발음** 토오지

귀 무덤 耳塚

도요토미 히데요시(豊臣秀吉)를 신격화한 도요쿠니 신사(豊国神社) 맞은편에는 우리 선조들과 연관된 유적지가 자리한다. 임진왜란 당시 도요토미는 전쟁 성과의 증거물로 삼기 위해 조선과 명나라 연합군 전사자들의 귀와 코를 벨 것을 지시하였고 썩는 것을 방지하고자 소금이나 술에 절인 후 항아리에 넣어 일본으로 보내게 하였다. 게다가 전쟁의 성과를 허위로 보고하기 위해 남녀노소 구별 없이 일반 백성들과 부녀자, 어린아이들의 코도 베어가며 전리품으로 가져가는 잔혹함을 드러냈다. 그의 명령에 따라 교토로 가져간 2만여 명의 귀와 코를 매장한 무덤이 바로 이곳이다. 건립 당시에는 코 무

덤(鼻塚)으로 칭하였으나 잔인하다고 여겨져 귀 무덤이라 불리게 되었다. 참고로 경남 사천의 선진리성에는 코가 베인 연합군의 시체가 안치된 무덤 '이총'이 있다.

지도 P.151-B1 주소 東山区正面通大和大路西入門側 **가는 방법** 교토국립박물관 정문에서 도보 6분 **발음** 미미즈카

교토 철도 박물관 京都鉄道博物館

철도의 역사를 통해 일본 근대화의 흐름과 일본이 가진 기술력을 체감할 수 있는 일본 최대 규모의 철도 박물관이다. 증기기관차부터 고속열차까지 실제 사용되었으나 이제는 과거의 산물이 된 차량들을 전시하고 있으며, 예전의 철도 역사와 플랫폼을 재현하여 설비를 엿볼 수 있는 공간도 마련되어 있다. 증기기관차를 타거나 철도 운전 시뮬레이터를 설치하는 등 직접 체험할 수 있는 부분도 충실한 편이다.

지도 P.151-A1 ▶ **주소** 下京区観喜寺町 **전화** 0570-080-462 **홈페이지** www.kyotorailwaymuseum.jp **운영** 10:00~17:00(마지막 입장 16:30), 수요일·12/30~1/1 휴관 **요금** 성인 ￥1,500, 고등·대학생 ￥1,300, 초등·중학생 ￥500, 미취학 아동 ￥200, 2세 이하 무료 **가는 방법** 86·88번 버스 우메코지코오엔·교토데츠도하쿠부츠칸마에(梅小路公園·京都鉄道博物館前) 정류장에서 하차 후 바로 **발음** 쿄오토테츠도오하쿠부츠칸

💬 **Tip** 박물관 관람 후 들르면 좋은 휴식 공간

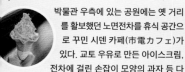

박물관 우측에 있는 공원에는 옛 거리를 활보했던 노면전차를 휴식 공간으로 꾸민 시덴 카페(市電カフェ)가 있다. 교토 우유로 만든 아이스크림, 전차에 걸린 손잡이 모양의 과자 등 다양한 음료와 간식 메뉴가 충실하다.

지도 P.151-A1 ▶ **주소** 下京区観喜寺町 **전화** 090-3998-8817 **운영** 10:00~18:00 **가는 방법** 교토 철도 박물관에서 도보 4분 **발음** 시덴카훼

도후쿠지 東福寺

나라(奈良) 지역의 사원복합단지를 교토에 조성하고 15m의 거대한 불상을 안치하고자 1255년 건립한 절이다. 나라에 위치한 절 도다이지(東大寺)와 고후쿠지(興福寺)에서 각각 한 글자씩 따와 이름 지어졌다. 불상은 1319년 화재로 인해 소실된 후 재건되었으나 1881년 또다시 화재로 소실되어 현재는 불상의 일부인 2m 길이의 손(仏手)만 남아있다. 단풍 명소로 유명하며 특히 지붕이 달린 다리 쓰덴교(通天橋)에서 바라본 풍경이 압권이다.

동서남북 각각에 위치한 4개의 혼보(本坊) 정원이 아름답기로 유명한데, 돌과 이끼로 표현한 바둑무늬 디자인과 모래와 암석으로 뒤덮인 것이 여타 일본 전통정원과는 다른 근현대적인 모습이다. 1939년 조경가 시게모리 미레이(重森三玲)에 의해 설계되었으며 독특하고 참신한 디자인으로 인해 당시 일본 정원업계에 새로운 바람을 불러일으켰다.

지도 P.151-B2 ▶ 주소 東山区本町15-778 홈페이지 tofukuji.jp 운영 4~10월 09:00~16:00, 11~12월 첫째 주 일요일 08:30~16:00, 12월 첫째 주 월요일~3월 09:00~15:30, 12월 29일~1월 3일 휴무 요금 [혼보(本坊) 정원] 성인 ¥500, 초등·중학생 ¥300, [쓰덴교(通天橋)·가이산도(開山堂)] 성인 ¥600, 초등·중학생 ¥300, [공통입장권] 성인 ¥1,000 초등·중학생 ¥500 가는 방법 JR 전철 나라(奈良) 선, 게이한(京阪) 전철 게이한본(京阪本) 선 도후쿠지(東福寺) 역 6번 출구에서 하차 후 도보 10분 발음 토오후쿠지

동 - 북두칠성과 하늘의 강을 원주와 모래로 재현한 정원.

서 - 정갈한 사각형으로 다듬어진 철쭉을 가지런히 정렬한 정원.

남 - 선인이 사는 이상향의 세계를 기다란 돌의 배열로 표현한 정원.

북 - 초록빛 이끼와 회색 포석의 대비가 눈길을 끄는 바둑 무늬 정원.

후시미이나리타이샤 伏見稲荷大社

일본 전국에 있는 3만여 이나리(稲荷) 신사의 총본산으로 711년 신라에서 건너온 하타씨(秦氏)의 후손이 이나리(稲荷)산에 창건한 풍년과 상업 번영의 신을 모시는 신사. 이곳의 상징은 단연 센본토리이(千本鳥居)라고 할 수 있다. '도리이'란 신사 입구에 세운 기둥 문으로, 이곳에는 1,000개의 붉은 도리이가 좁은 간격으로 이어져 약 70m 길이의 도리이 터널을 이루고 있다. 기념촬영을 즐기는 방문객으로 가득하여 한적한 느낌의 엽서 같은 사진을 남기기엔 조금 어려울 수도 있다. 영화 '게이샤의 추억(Memoirs of a Geisha)'의 한 장면도 이곳에서 촬영되었다.

정월 참배객은 교토에서 가장 많은 약 270만 명으로 전국적으로는 다섯 손가락 안에 드는 큰 규모와 인기를 자랑한다. 이나리산을 포함한 신사 내부는 24시간 개방하여 야간에도 참배할 수 있다.

Tip 소원 성취를 돌로 점쳐보기

도리이 터널을 지나면 보이는 '오쿠샤봉배소(奧社奉拝所)'에서 돌 무게 맞히기(おもかる石)를 해보자. 마음속에 소원을 빌면서 석등 위 보주석을 들었을 때 무게를 가늠하는데, 생각보다 가벼우면 소원이 이루어진다고 한다.

지도 P.151-B2 **주소** 伏見区深草薮之内町68 **전화** 075-641-7331 **홈페이지** inari.jp **요금** 무료 **가는 방법** JR 전철 나라(奈良) 선 이나리(稲荷) 역, 게이한(京阪) 전철 게이한본(京阪本) 선 후시미이나리(伏見稲荷) 역에서 하차 후 도보 5분 **발음** 후시미이나리타이샤

고묘인 光明院

1391년 도후쿠지(東福寺)의 탑두(塔頭, 선종에서 주지나 고승의 묘탑을 모시는 절)로 창건된 사찰. '무지개의 이끼사원(虹の苔寺)'이라 불리며 유명세를 탄 하신테이(波心庭)가 있는 곳으로 유명하다. 하신테이는 일본 정원 역사에 한 획을 그은 조경가 시게모리 미레이(重森三玲)의 작품 중 하나로, 붉은빛 단풍을 배경으로 이끼와 돌이 오묘한 조화를 이루는 풍경이 근사하다. 도후쿠지에서 2분 거리에 위치하므로 함께 들러볼 것을 권한다.

지도 P.151-B2 ▶ **주소** 東山区本町15-809 **전화** 075-561-7317 **홈페이지** komyoin.jp **운영** 07:00~18:00 **요금** ￥300(11월 ￥500) **가는 방법** 게이한(京阪) 전철 도바카이도(鳥羽街道)역 동쪽 출구에서 도보 6분 **발음** 코오묘오인

운류인 雲龍院

동그란 '깨달음의 창'과 네 개의 네모난 '방황의 창'에서 보는 단풍이 무척이나 아름다워 현지인의 단풍 명소로 알려진 사찰. 특히 연꽃의 방(蓮華の間) 속 네 개의 창문에서는 각각 동백, 석등, 단풍, 소나무가 살며시 모습을 드러내는데, 정면에서 보기보단 왼쪽 구석에서 봐야만 볼 수 있어 대부분의 방문객이 측면에 앉아 지긋이 바라보고 있다는 점도 재미있다.

지도 P.151-B2 ▶ **주소** 東山区泉涌寺山内町36 **전화** 075-541-3916 **홈페이지** www.unryuin.jp **운영** 09:00~17:00(마지막 입장 16:30) **요금** ￥400 **가는 방법** JR전철 또는 게이한(京阪) 전철 도후쿠지(東福寺)역에서 도보 15분 **발음** 운류우인

조난구 城南宮

794년 당시 수도였던 나라에서 교토로 천도되었을 때 국가 수호신으로 창건된 신사. 현재는 이사, 공사, 여행 등의 안전을 비롯해 가정의 원만함과 나쁜 기운을 막아주는 액막이 등 '방제의 신'을 받들고 있다.

사실 이곳이 유명해진 이유는 따로 있다. 매년 2월 하순부터 3월 중순에 걸쳐 볼 수 있는 수양매화와 동백꽃이 어우러진 풍경이 한 폭의 그림 같다 하여 수많은 관광객을 불러 모으고 있다. 나뭇가지가 아래로 축 처진 수양매화와 이미 다져 버려 바닥에 떨어진 동백꽃의 풍경은 인위적으로 만들어낼 수 없는 몽환적인 분위기를 자아

낸다. 단, 사진을 찍기 위해 몰려든 인파를 어느 정도 감수할 각오가 필요하다.

지도 P.151-A2 **주소** 伏見区中島鳥羽離宮町7 **전화** 075-623-0846 **홈페이지** www.jonangu.com **운영** 09:00 ~16:30 **요금** 중학생 이상 ￥800, 초등학생 ￥500, 미취학 아동 무료 **가는 방법** 지하철 가라스마(烏丸) 선 다케다(竹田) 역 6번 출구에서 하차 후 도보 15분 **발음** 조오난구우

Tip 조난구 인근 맛집

조난구 관람 후 들르면 좋은 맛집으로 '교토리큐(京都離宮 おだしとだしまき)' 를 추천한다. 일본식 정원 또는 전통가옥 내부에서 교토풍으로 만든 일본식 달걀말이 다시마키(だしまき) 도시락을 먹는 독특한 체험을 할 수 있다.

지도 P.151-A2 **주소** 伏見区中島鳥羽離宮町45 **전화** 075-623-7707 **홈페이지** kyotorikyu.com **운영** 10:00~ 17:00, 화요일 휴무(화요일이 공휴일인 경우, 수요일 휴무) **가는 방법** 조난구에서 도보 1분 **발음** 쿄오토리큐우

아라시야마 嵐山

도게쓰교 渡月橋

상류 호즈강(保津川)과 하류 가쓰라강(桂川)에 놓인 155m의 기다란 목조 다리. 아라시야마를 홍보하는 풍경 사진이나 영상에 반드시 등장하는 상징적인 건조물로, 벚꽃과 단풍 시기가 되면 많은 인파로 북적일 만큼 아름답기로 유명하다. 헤이안(平安) 시대에 사가(嵯峨) 일왕이 남쪽에 있는 사찰 호린지로 가기 위한 참배 통로로 만들었으며, 현재는 남북을 연결하는 중요한 교통로로 이용한다. 도게쓰라는 이름은 다리 위를 떠다니는 달이 마치 다리를 건너는 것처럼 보인다고 한 데서 유래하였다. 헤이안 시대의 귀족이 다리 부근에서 뱃놀이를 즐겼다고 전해지는데 지금도 호즈강 유람선(保津川下り)으로 그 풍습이 이어지고 있다.

지도 P.156하단 -A 주소 右京区嵯峨中ノ島町 가는 방법 71·72·73번 버스 아라시야마(嵐山) 정류장에서 하차 후 도보 1분 발음 토게츠쿄오

Tip 도게쓰교 이름의 유래

이 강 부근은 우리 조상과도 밀접한 연관이 있다. 호즈강과 가쓰라강을 통틀어 오이강(大堰川)이라고 부르는데, 이는 5세기 후반 고구려에서 건너온 도래인이 큰 둑을 쌓아 관개용수를 확보하면서 붙여진 이름이라 한다.

아라시야마 공원 嵐山公園

도게쓰교(渡月橋)를 사이에 끼고 흐르는 가쓰라
강(桂川) 일대를 통틀어 이르는 부립공원. 총 3
개 구역으로 나뉘는 공원은 도게쓰교 북서쪽에
자리한 오구라산(小倉山)을 가메야마(亀山) 지
구, 다리에 걸쳐진 형태로 강 한가운데 위치한
작은 섬은 나카노시마(中之島) 지구, 다리 북쪽에 펼쳐지는 광장은 린센지(臨川寺) 지구라고 부른다.
가메야마 지구에는 전망대가 있어 아라시야마의 전경을 내려다볼 수 있다. 나카노시마 지구와 린센
지 지구에서는 가쓰라 강변과 도게쓰교가 절묘하게 어우러진 풍경을 감상할 수 있다.

지도 P.156하단 -A·B ▶ **주소** 西京区嵐山 **전화** 075-701-0124 **홈페이지** www.pref.kyoto.jp/koen-annai/ara.
html **가는 방법** 71·72·73번 버스 탑승 후 아라시야마(嵐山) 정류장에서 하차 후 바로 **발음** 아라시야마코오엔

사가노지쿠린길 嵯峨野竹林の道

교토시의 역사적 풍토 특별 보존지구로 지정된
사가노 지역의 길게 뻗은 대나무 숲길. 사가노
는 아라시야마 북동쪽에 위치한 지역으로, 경관
이 아름다워 헤이안(平安) 시대부터 귀족의 별
장이나 암자가 많았다. 현재는 아라시야마를 대
표하는 산책로이자 교토다운 분위기가 물씬 느
껴지는 사진 명소로 유명하다. 노노미야 신사
(野宮神社)에서 오코우치 산장(大河内山荘)에
이르는 길이 아름답기로 이름 나 있다. 매년 12
월에는 아라시야마 화등로(嵐山花灯路) 등불 축
제가 열려 환상적인 분위기를 만들어낸다. 참고
로 덴류지(天龍寺) 북문으로 나오면 지쿠린길로
자연스럽게 이어진다.

지도 P.156하단 -A ▶ **주소** 右京区嵯峨小倉山田淵山町
가는 방법 게이후쿠(京福) 전철 아라시야마(嵐山) 역 출
구에서 도보 4분 **발음** 사가노치쿠린노미치

덴류지 天龍寺 유네스코

임제종의 대본산으로 1339년 무로마치 막부(室町幕府) 초대 장군인 아시카가 다카우지(足利尊氏)가 고다이고(後醍醐) 일왕의 명복을 빌기 위해 창건한 사찰이다. 임제종의 5대 사찰을 일컫는 교토 오산(京都五山) 가운데 제1위로 지정되어 있다. 창건 후 지금까지 8차례의 큰 화재를 입었으나 1900년대 이후 재건되어 현재의 모습으로 자리 잡았다.

여름이면 연꽃이 활짝 피는 연못 호조이케(放生池)를 지나 천장을 가득 채운 운용도(雲龍図)에 압도되는 법당(法堂), 독특한 표정을 지은 달마도가 인상적인 구리(庫裏)를 둘러보면 비로소 소겐치(曹源池) 정원과 마주하게 된다. 일본을 대표하는 정원으로 꼽히는 이곳은 선승 무소 소세키(夢窓疎石)가 기획한 것으로 소겐치 연못을 중심으로 아라시야마와 가메야마의 풍경을 정원의 일부로 삼은 지천회유식 정원이다. 법당(法堂)은 주말과 공휴일에만 공개되며, 특별 참배 시기에는 매일 공개된다.

지도 P.156하단 -A 주소 右京区嵯峨天龍寺芒ノ馬場町68 전화 075-881-1235 홈페이지 www.tenryuji. com 운영 08:30~17:00(마지막 입장 16:50) 요금 [소겐치 정원] 성인 ¥500, 초등·중학생 ¥300, 미취학 아동 무료, [다이호조·쇼인·다호덴] 소겐치 정원 요금에서 ¥300 추가, [법당] ¥500 가는 방법 게이후쿠(京福) 전철 아라시야마(嵐山) 역 출구에서 도보 5분 발음 텐류우지

> **Tip** 덴류지 포토 스폿
>
> 길이 30m의 경내에서 가장 큰 건물인 다이호조(大方丈)에 앉아 정원을 감상하거나 정원 뒤편에 있는 작은 언덕 보쿄노오카(望京の丘)에서 풍경을 내려다보면 아름답다.

노노미야 신사 野宮神社

울창한 대나무 숲 지쿠린(竹林) 사이에 자리한 작은 신사. 신궁에서 사제로 봉사하는 왕녀를 사이구(斎宮)라고 하는데, 이 사이구가 이세 신궁(伊勢神宮)으로 가기 전 1년간 정진하던 곳이었다 한다. 일본 최고의 걸작으로 꼽히는 장편소설 〈겐지모노가타리(源氏物語)〉에서도 이곳을 모델로 한 신사가 등장한다.

현재는 연애, 순산 등을 기원하기 위해 많은 이들이 이곳을 찾는다. 특히 인연을 맺어준다는 부적 오마모리(お守り)는 이곳의 인기 상품이다. 또 신사 한쪽에는 거북이를 닮은 돌 오카메이시(お亀石)가 있는데, 이 돌을 만지면서 소원을 빌면 1년 이내에 이루어진다고 하니 꼭 체험해보자.

오카메이시(お亀石)

지도 P.156하단 -A 주소 右京区嵯峨野宮町1 전화 0570-04-5551 홈페이지 www.nonomiya.com 운영 09:00~17:00 요금 무료 가는 방법 지쿠린(竹林) 내에 위치. 도보 5분 발음 노노미야진자

조잣코지 常寂光寺

오구라산(小倉山) 중턱에 자리한 작은 사찰로 1596년에 건립되었다. 일본의 유명 시인 100명이 쓴 시를 한 수씩 모은 〈백인일수(百人一首)〉를 선별한 가마쿠라(鎌倉) 시대의 시인 후지와라노 데이카(藤原定家)의 산장 시구레테이(時雨亭)가 있었던 터에 지어져 경내에는 그 흔적이 남아 있다.

이곳의 볼거리인 다호탑(多宝塔)은 1620년에 세워진 높이 12m의 거대한 탑으로 국가중요문화재로 지정되어 있다. 항상 고요하게 빛나는 절이라는 의미를 지니는 만큼 한적한 산속 그림 같은 멋진 풍경을 만들어낸다. 교토의 이름난 단풍 명소로 알려져 있으며 경내와 다호탑에서 아라시야마 일대를 조망할 수 있다.

지도 P.156하단 -A 주소 右京区嵯峨小倉山小倉町3 전화 075-861-0435 홈페이지 www.jojakko-ji.or.jp 운영 09:00~17:00(마지막 입장 16:30) 요금 ¥500 가는 방법 열차 산인본(山陰本) 선 사가아라시야마(嵯峨嵐山) 역 출구에서 도보 5분 발음 죠오잣코오지

사가노도롯코 열차 嵯峨野トロッコ列車

교토 사가노(嵯峨野)를 기점으로 호즈강(保津川) 계곡을 따라 단바가메오카(丹波亀岡)에 이르는 7.3km 구간을 25분간 운행하는 관광열차다(사가(嵯峨)-아라시야마(嵐山)-호두쿄(保津峡)-가메오카(亀岡) 순서로 운행). 벚꽃이 만발하는 봄, 푸르른 녹음이 펼쳐지는 여름, 온통 붉은빛 단풍으로 물드는 가을, 하얀 눈으로 뒤덮인 겨울 등 계절마다 풍경이 달라져 많은 이에게 사랑받고 있다. 계절의 아름다움을 느낄 수 있는 시기에는 티켓 확보가 쉽지 않으므로 오사카, 교토, 고베 등지에 가까운 JR 전철 역을 방문하거나 인터넷을 통해 미리 예매해두는 것이 좋다. 역마다 아라시야마를 대표하는 유명 관광지가 인접하며 역사에는 오리지널 상품을 판매하는 기념품숍이 있다. 애수가 감도는 복고풍 열차에 올라타 아라시야마의 생생한 자연을 감상하면서 여행으로 지친 몸과 마음을 달래보자.

지도 P.156하단 -A **주소** 右京区嵯峨天龍寺車道町 **전화** 06-6615-5230 **홈페이지** www.sagano-kanko.co.jp **운영** 도롯코사가(トロッコ嵯峨) 역 출발 기준 09:02~16:02, 운휴일 홈페이지 확인 **요금** 성인 ¥880, 11세 이하 ¥440, 5세 이하 무료 **가는 방법** 열차 산인본선(山陰本) 선 사가아라시야마(嵯峨嵐山) 역 바로 왼편에 위치 **발음** 사가노토롯코렌샤

Tip 티켓 구매 방법

① 사전 예매 : 승차 1달 전 오전 10시부터 구매 가능
[구매 가능 장소] JR 서일본역(교토역, 오사카역, 신오사카역, 간사이공항역, 가메오카역, 니조역, 사가아라시야마역, 나라역, 교바시역, JR난바역 등)

② 당일 구매 : 도롯코 열차역 창구에서 오전 08:30부터 선착순 판매
[구매 가능 장소] 도롯코사가역(08:35~), 도롯코아라시야마역(08:50~), 도롯코가메오카역(09:10~)

Tip 사가노도롯코 열차 좌석 선택 전 유의사항

① 차량은 5량 편성으로 차량당 56~64명 승차할 수 있다.
② 1호 차부터 4호 차는 일반 차량으로, 5호 차는 창문이 없어 개방감이 느껴지는 특별 차량 '릿치호(リッチ号)'로 운행된다.
③ 릿치호는 봄철, 가을철에 자리 경쟁이 치열하다.
④ 4인석으로 구성되며, 창가석은 A, D석, 통로석은 B, C석이다.
⑤ 가메오카(亀岡)에서 사가(嵯峨)로 가는 방면 기준 창가 자리 가운데 호즈강 풍경을 오래 볼 수 있는 좌석은 짝수 자리 2~16번 A, D석이다.

미카미 신사 御髮神社

일본에서 유일하게 '머리카락'의 신을 모시는 작은 신사로 헤어케어, 발모제, 가발 등 이용(理髮)과 관련된 업종에 종사하는 많은 이들의 방문이 끊이질 않는다. 특히 미용사를 꿈꾸는 이들의 국가시험 합격을 기원하거나 탈모가 낫기를 원하는 이들의 간절한 바람이 신사 곳곳에서 발견된다. 일본어로 머리카락을 뜻하는 카미(髮)는 신을 뜻하는 카미(神)와 동음이의어이기도 해 신의 힘이 넘치는 곳으로 해석되고 있다.

지도 P.156하단-A 주소 右京区嵯峨小倉山田淵山町 전화 075-882-9771 운영 24시간 요금 무료 가는 방법 사가노토롯코 열차 토롯코아라시야마(トロッコ嵐山) 역에서 도보 2분 발음 미카미진자

호즈강 유람선 保津川下り 임시휴업

JR전철 가메오카(龜岡) 역 부근에서 아라시야마 도게쓰교(渡月)까지 16km의 호즈강을 2시간 동안 유람하는 뱃놀이다. 3~5명의 사공이 24명의 관광객을 태운 나룻배를 모는데, 벚꽃이 피고 단풍이 물드는 봄과 가을철에 인기가 높다.

목재, 곡식 등을 운반하던 역할이었으나 1895년경부터 관광 목적의 유람선으로서 탈바꿈하였다. 오랜 역사를 자랑하는 만큼 나쓰메 소세키(夏目漱石), 미시마 유키오(三島由紀夫) 등 당대 최고 작가들의 소설에 등장하기도 하였다.

지도 P.156하단-A 주소 龜岡市保津町下中島2 전화 771-22-5846 홈페이지 www.hozugawakudari. 운영 09:00~15:00 요금 성인 ¥4,500, 초등학생 이¥3,000, 3세 이하 무료 가는 방법 JR전철 산인본(山本) 선 가메오카(龜岡) 역 출구에서 도보 8분 발음 호즈가와쿠다리

Tip 알아두세요!

최근 급류에 휩쓸려 유람선이 뒤집어지면서 뱃사공이 사망하는 사고가 발생하여 임시휴업에 들어갔다. 유람선 관계자는 앞으로 이러한 사고가 생기지 않도록 안전에 만전을 기할 것을 강조하면서 안전대책 재정비에 나선 상황이다.

란덴 嵐電

1910년에 개통된 오랜 역사를 자랑하는 노면전차. 정식 명칭은 게이후쿠(京福)전철의 아라시야마 본선과 기타(北野)노선이지만 란덴(嵐電)이라는 애칭으로 더 알려졌다. 아라시야마본선은 아라시 야마 역과 교토 번화가의 중심 시조 거리가 시작하는 시조오미야(四条大宮) 역 사이를 오간다. 기타 노선은 아라시야마를 시작으로 닌나지(仁和寺), 묘신지(妙心寺), 료안지(龍安寺) 등 주요 관광지를 지나 기타노텐만구(北野天満宮)가 인접한 기타노하쿠바이초(北野白梅町)를 잇는다(자세한 노선은 P.158~159 참고).
봄철 포토 스폿으로 유명한 나루타키(鳴滝) 역과 우타노(宇多野) 역 구간은 벚꽃 터널이라 불리는데 만개한 벚꽃 나무 사이로 달리는 귀여운 복고풍 열차가 인상적이다. 매년 3월 하순에서 4월 상순 사 이 주말 저녁에는 차량 내부의 불을 끄고 반짝거리는 바깥 풍경을 감상하며 달리는 이벤트도 개최 한다.

지도 P.156하단 -A·B **주소** 右京区嵯峨天竜寺造路町 **전화** 075-801-2511 **홈페이지** randen.keifuku.co.jp 운 영 아라시야마(嵐山) 역 기준 05:57~24:25 **요금** [1회 승차] 성인 ￥250, 어린이 ￥120, [란덴 1일 자유 승차권] 성인 ￥700, 어린이 ￥350 **가는 방법** 도게쓰교(渡月橋)에서 도보 1분 발음 란덴

Tip 족욕탕
란덴 아라시야마(嵐山) 역 내에는 아라시야마 온천수를 사용한 족욕탕을 운영하고 있다. 피로 회복에 탁월하다고 하니 잦은 이동으로 피곤하 다면 한번쯤 이용해보는 것도 좋다.
전화 075-873-2121 **운영** 09:00~20:00(겨울은 ~18:00) **요금** ￥200(수건 포함) **이용권 구매처** 란 덴 아라시야마역 인포메이션

Tip 란덴 이용 시 주의사항
란덴은 모든 노선에 일률적인 요금이 적 용되므로 승차 시 요 금을 지불하는 방식 이 아닌 하차 시 요금 을 내는 후불 방식이 다. 다른 철도처럼 승 차 시 티켓을 내거나 IC카드를 태그할 필 요가 없는 대신 하차 시 모든 요금 정산이 이루 어지니 참고하자. 출발역과 종착역은 역사 개찰 구에서 요금을 정산하며, 중간 지점에 있는 역들 은 열차 앞쪽과 뒤쪽에 있는 기계를 통해 요금을 지불하면 된다.

란덴 아라시야마 역사 嵐電嵐山駅

'란덴(嵐電)'이라는 별칭으로 더 많이 불리는 게이후쿠(京福) 전철 아라시야마(嵐山) 역사는 교토의 각종 먹거리와 기념품을 즐길 수 있도록 다양한 업체가 매점 형태로 들어서 있다. 또한 매점으로 가기 전 반대 방향으로 가면 일본의 전통의상인 기모노의 화려한 직물을 600개의 기둥으로 제작하여 역사 일부를 장식한 기모노 포레스트(キモノフォレスト)가 있다. 아라시야마의 기념촬영 명소로 현지인들이 진작에 점찍어둔 곳으로, 이곳에서 아라시야마의 일정을 시작하는 이들이 많다.

지도 P.156하단-A **주소** 右京区嵯峨天龍寺造路町20-2 **운영** 24시간 **발음** 란덴아라시야마에키

아라시야마 쇼류엔 嵐山 昇龍苑

'포는 즐겁다'를 테마로 하여 교토 각지에 흩어져 있는 유명 점포들을 한자리에 모은 상업시설이 탄생했다. 교토에서만 맛볼 수 있는 음식과 장인 정신이 깃든 공예품을 판매하는 13개 업체 점포부터 전통예술 체험 프로그램을 선보이는 공간까지 맛집, 쇼핑, 체험을 한곳에서 즐길 수 있도록 마련되었다. 야쓰하시, 차노카 등의 교토 명과를 비롯해 녹차, 지리멘산쇼, 채소절임, 사케 등 기념품으로 추천하는 상품이 많으니 꼭 한 번 들러보면 좋다.

지도 P.156하단-A **주소** 右京区嵯峨天龍寺芒ノ馬場町40-8 **전화** 075-873-8180 **홈페이지** www.syoryuen.jp **운영** 10:00~17:00, 연중무휴 **가는 방법** 게이후쿠(京福) 전철 아라시야마(嵐山) 역사 건너편에 위치 **발음** 쇼오류우엔

교토 근교

산젠인 三千院

1,200년 이상의 역사를 지닌 천태종 전통 사찰. 헤이안(平安) 시대 초기에 히에이산(比叡山)에 세워졌으나 메이지 유신(明治維新) 이후 현재 위치로 자리를 옮겼다.

다른 사찰과 비교해 유독 널따란 경내에는 각종 볼거리가 숨어 있다. 절 북쪽을 수놓은 유세엔(有淸園)과 쇼헤키엔(聚碧園)은 연못을 중심으로 산책로를 형성한 지천회유식 정원으로, 일본의 국보 가운데 하나인 아미타삼존(阿弥陀三尊) 불상이 안치된 왕생극락원에서 바라본 모습이 특히 아름답기로 유명하다. 정원 곳곳에 숨어있는 자그마한 지장보살 와라베치조(わらべ地蔵)를 찾는 재미도 쏠쏠하다.

지도 P.51 주소 左京区大原来迎院町540 전화 075-744-2531 홈페이지 www.sanzenin.or.jp 운영 3·10월 09:00~17:00, 11월 08:30~17:00, 12~2월 09:00~16:30 요금 성인 ¥700, 중·고등학생 ¥400, 초등학생 ¥150 가는 방법 17·19번 버스 오하라(大原) 정류장에서 하차 후 도보 10분 발음 산젠인

호센인 宝泉院

액자 정원 하면 단연 1순위로 꼽히는 사찰. 짓코인(実光院)과 더불어 본사 쇼린인(勝林院)에 속한 부속 사원이며 승려의 거처로 이용되었다. 교토시 천연기념물로 지정된 700년 묵은 노송 오엽송(五葉の松)이 묵직하게 자리한 정원은 이곳의 자랑이다.

기둥과 기둥 사이 공간으로 보이는 풍경은 실로 압권인데 실내에 앉아 바라보는 것만으로도 감탄사를 자아낸다. 입장료에 포함된 말차와 화과자를 음미하며 다른 곳에서는 느낄 수 없는 신비로움을 만끽해 보자.

지도 P.51 주소 左京区大原勝林院町187 전화 075-744-2409 홈페이지 www.hosenin.net 운영 09:00~17:00(마지막 입장 16:30) 요금 성인 ¥800, 중·고등학생 ¥700, 초등학생 ¥600 가는 방법 산젠인(三千院)에서 도보 2분 발음 호오센인

쇼린인 勝林院

013년에 창건한 천태종 사찰로 산젠인 참배길
끝자락에 위치한다. 천태종 승려 겐신(顯真)이
무아미타불만 외워도 극락왕생을 할 수 있다
주장하는 정토종 승려 호넨(法然)을 불러들
100일간 논쟁을 벌였던 오하라 문답(大原問
答)의 무대로 널리 알려졌다. 당시 '염불은 중생
구한다'는 호넨의 말이 옳다는 의미로 본당에
치된 아미타여래상의 손에서 빛이 비쳤다는
이야기가 전해지면서 '증거의 아미타'로 불리기
한다.

지도 P.51 **주소** 左京区大原勝林院町187 **전화** 075-
44-2409 **홈페이지** www.shourinin.com **운영** 월~
요일 09:00~16:00(마지막 입장 15:30), 토·일요
10~11월 09:00~17:00(마지막 입장 16:30) **요금**
인 ￥300, 초등·중학생 ￥200 **가는 방법** 쇼린인(宝
院)에서 도보 1분 **발음** 쇼오린인

Tip 액자 속 풍경, 오하라 大原

교토역에서 버스로 한 시간 정도 달리면 모습을
드러내는 오하라는 교토 중심부와는 사뭇 다른
풍경이 펼쳐지는 교토 북부의 작은 마을로, 덜
알려진 만큼 꾸미지 않은 자연 그대로를 품은 지
역이다. 사찰 내부에서 정원을 바라보면 방 기둥
이 액자 역할을 하여 액자정원으로 불리는 사찰
들은 이미 알 만한 사람은 다 아는 숨은 명소이
기도 하다. 사계절 내내 아름다움을 뽐내지만 단
풍이 절정인 가을철에 많은 관광객이 방문한다.

뵤도인 平等院 유네스코

헤이안(平安) 시대 귀족 사회를 그린 일본의 장편 연애소설 〈겐지모노가타리(源氏物語)〉의 주인공 히카루 겐지(光源氏)의 모델이었던 왕족이자 좌대신 미나모토노 도오루(源融)의 별장을 정치가 후지와라노 미치나가(藤原道長)가 이용한 것이 이곳의 첫 시작이다. 그러다 1052년 미치나가의 아들 후지와라노 요리미치(藤原賴通)가 사찰로 새롭게 창건하였고, 일본의 10엔짜리 동전 앞면에 등장하는 아미다도(阿弥陀堂)는 이듬해 세워졌다. 아미다도는 일본 국보로 지정된 건축물로 양 날개를 펼친 봉황과 닮았다 하여 호오도(鳳凰堂) 즉, 봉황당이라고도 불린다. 극락왕생을 기원하는 정토신앙을 구현한 걸작으로 평가받는다. 당 내부에는 헤이안 시대의 불사 조초(定朝)가 제작한 아미타여래좌상이 안치되어 있다. 봉황당 뒤편에 마련된 뮤지엄호쇼칸

(ミュージアム鳳翔館)에서는 일본 국보로 지정된 운중공양보살상 26구를 비롯해 중요 소장품을 전시하고 있다.

지도 P.51 전화 077-421-2861 홈페이지 www.byodoin.or.jp 운영 정원 08:30~17:30, 뮤지엄호쇼칸 09:00~17:00, 호오도 09:10~16:10 요금 [정원·뮤지엄호쇼칸] 성인 ￥600, 중·고등학생 ￥400, 초등학생 ￥300, 봉황당 ￥300 가는 방법 JR전철 나라(奈良)선 또는 게이한(京阪)선 우지(宇治)선 우지(宇治)역 1번 출구에서 도보 10분 발음 뵤도오인

우지가미 신사 宇治上神社 유네스코

'고도 교토의 문화재' 가운데 하나로 유네스코 세계문화유산으로 지정된 신사다. 일본 국보인 본전(本殿)은 현존하는 일본의 가장 오래된 신사 건축물로 헤이안(平安) 시대 후기에 건립되었다. 배전(拜殿) 역시 국보로 지정된 건축물로 가마쿠라(鎌倉) 시대 전기에 건립되었으나 헤이안 시대의 주거양식을 띠고 있다. 두 건축물 모두 건립 당시 벌채된 목재를 사용한 것이 특징이다.

제신은 일본의 제15대 일왕인 오진 일왕(応神天皇), 16대 일왕 닌토쿠 일왕(仁德天皇), 오진 일왕의 태자인 우지노와키이라쓰코(菟道稚郎子)이다. 신사 한쪽에는 우지차를 생산할 때 사용되는 우지 7대명수 가운데 하나이자 유일하게 남은 기리하라미즈(桐原水)가 나는 샘이 있다.

지도 P.51 주소 宇治市宇治山田59 전화 077-421-4634 홈페이지 ujikamijinja.amebaownd.com 운영 24시간 요금 무료 가는 방법 뵤도인에서 도보 10분 발음 우지가미진자

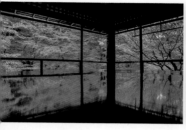

루리코인 瑠璃光院

경내 서원 내부 바닥과 책상에 비친 계절 풍경
이 아름다운 사찰. 예부터 무사와 귀족들에게
사랑받아 온 야세(八瀬) 지역에 위치한 숨은 명
소였으나 울긋불긋 단풍이 물든 정원이 실내 바
닥에 반사되면서 마치 물에 비친 듯한 몽환적인
분위기를 만들어 내 SNS와 입소문을 통해 유
명세를 탔다. 평소 비공개로 운영되나 봄, 여름,
가을의 아름다움을 확인할 수 있는 시기에 맞춰
한시적으로 개방한다. 봄, 여름은 단풍이 물들
기 전의 푸릇푸릇한 모습이 가을 못지 않게 시

원시원하고 생동감 넘쳐 방문객이 모여든다. 하
지만 이곳의 백미는 11월 하순부터 12월 상순
사이에 만나볼 수 있는 오색 단풍철. 워낙 많은
방문객으로 인산인해를 이루므로 바닥에 반사
된 '리플렉션 단풍'을 만나기까지 긴 대기를 해
야 할 수도 있다.

지도 P.51 ▶ 주소 左京区上高野東山55 홈페이지
rurikoin.komyoji.com 운영 4/15~5/31, 7/1~8/17,
10/1~12/10 10:00~17:00(마지막 입장 16:30) 요금
성인 ¥2,000, 학생 ¥1,000 가는 방법 17·19번 버스 야
세에키마에(八瀬駅前) 정류장에서 도보 5분 발음 루리
코오인

산토리 맥주 교토 공장
サントリービール 京都工場

일본의 대표 주류 회사이자 유명 맥주 브랜드를
소유한 '산토리(SUNTORY)'의 맥주 전용 공장
세 군데 중 한 곳이 교토에 위치하고 있다. 산토
리의 대표 맥주인 '더 프리미엄 몰츠'의 생산 과
정을 직접 눈으로 확인할 수 있어 인기가 높은
데, 맥주의 원료부터 발효, 양조, 여과, 패키징까
지 가이드의 안내를 받으며 제조 공정을 차례대
로 살펴보는 시간을 가진다. 견학 후 공장에서
바로 만들어진 신선한 맥주를 시음하는 기회도
주어진다. 다양한 맛을 한 모금씩 마셔보며 비
교할 수 있도록 여러 종류의 맥주와 함께 간단
한 안주도 제공한다.

지도 P.51 ▶ 주소 長岡京市調子3-1-1 전화 075-952-2020 홈페이지 www.suntory.co.jp/factory/kyoto 운영
10:00~15:15 매시간마다 투어 실시, 연말연시 휴무 요금 무료(예약 필수) 가는 방법 JR 교토(京都) 선 나가오카쿄(長
岡京) 역 또는 한큐(阪急) 전철 교토(京都) 선 니시야마덴노잔(西山天王山) 역 출구에서 무료 셔틀버스 운영(시간표 홈
페이지 확인) 발음 산토리비이루쿄오토코오죠오

기후네 신사 貴船神社

전국 2,000개에 달하는 만물 생명의 원천인 물의 신을 모시는 신사의 총본궁. 창건 시기는 미상이나 약 1,300년 전인 677년에는 이미 존재했다고 할 만큼 오랜 역사를 자랑한다. 신사 인근의 기부네가와(貴船川)은 교토 시내 중심을 흐르는 가모강(鴨川)의 원류로, 신사는 '교토의 물자원을 지키는 신'으로서 예부터 소중히 여겨져 왔다. 눈이 내리는 겨울이 되면 주홍색 등불과 도리이 위에 눈이 쌓여 강렬한 대비를 보여 신비로운 분위기를 자아낸다.

지도 P.51 주소 左京区鞍馬貴船町180 전화 075-741-2016 홈페이지 kifunejinja.jp 운영 5~11월 06:00~20:00, 12~4월 06:00~18:00(굿즈 숍 09:00~17:00) 요금 무료 가는 방법 33번 버스 기부네(貴船) 정류장에서 도보 5분 발음 키후네진자

미야마 가야부키노사토 美山 かやぶきの里

교토 시내에서 약 50km 떨어진 작은 마을로, 동화 같은 겨울의 전원 풍경이 아름다워 현지인의 나들이 명소로 인기를 누리고 있다. 지금으로부터 220여 년 전 에도(江戸) 시대와 150년 전의 메이지(明治) 시대에 지어진 초가집이 많이 남아있는데, 50채 가옥 중 39채가 초가지붕이다. 전통기법으로 지은 전통가옥으로 보존 가치가 높다는 평가를 받았다. 겨울에는 초가집 사이에 등불을 설치한 라이트업 행사를 개최한다. 이 시기에 맞춰 교토역을 출발하는 투어도 실시한다.

지도 P.51 주소 南丹市美山町北 전화 077-177-0660 홈페이지 kayabukinosato.jp 운영 24시간 가는 방법 JR전철 산인본(山陰本) 선 히요시(日吉) 역 앞에서 난탄시영(南丹市営) 버스를 타고 1시간 이동 후 기타 가야부키노사토(北かやぶきの里) 정류장에 하차 발음 미야마카야부키노사토

쇼주인 正寿院

하트 모양 창과 화려한 천장화가 여심을 사로잡아 SNS 인기 명소로 떠오른 사찰. 하트 창은 사실 의도한 것은 아니며, 멧돼지 눈 모양을 본뜬 '이노메(猪目)'라는 약 1,400년 전부터 전해지는 문양으로 재앙을 멀리하고 복을 불러온다는 의미가 있다. 꽃과 일본 풍경을 테마로 한 160개 그림을 가득 메운 천장화와 2,000개 풍령으로 경내를 꾸민 풍령 축제(風鈴まつり) 등 아름다운 풍경을 감상할 수 있어 시내에서 멀리 떨어져 있어도 방문객이 끊이질 않는다.

지도 P.51 **주소** 綴喜郡宇治田原町奥山田川上149 **전화** 077-488-3601 **홈페이지** shoujuin.boo.jp **운영** 09:00~16:30(12~3월 10:00~16:00) **요금** ￥600(여름 풍령 축제 기간 ￥700) **가는 방법** JR전철 나라(奈良)선 우지(宇治) 역에서 우지차버스(宇治茶バス)를 타고 이동 후 쇼주인구치(正寿院口) 정류장에서 하차 **발음** 쇼오주인

후시미 줏코쿠부네 伏見十石舟

에도(江戸) 시대 항구 도시로 번성한 후시미 지역의 명물. 당시 유통과 교통의 주요 수단으로서 물자와 사람을 태웠던 배를 그대로 재연해 유람선으로 운항하고 있다. 봄에는 벚꽃, 여름엔 수국, 가을은 단풍을 만끽할 수 있어 현지인을 비롯해 최근에는 외국인 여행자의 방문도 늘었다. 주쇼지마역 부근의 승선장을 출발해 후시미미나토 광장(伏見みなと広場)까지 이동한 다음 자료관 견학을 하고 다시 돌아오는 50분 코스로 구성되어 있다.

지도 P.51 **주소** 伏見区南兵町247 **전화** 075-623-1030 **홈페이지** kyoto-fushimi.or.jp/fune **운영** 10:00~16:20, 월요일 휴무(4·5·10·11월은 휴무 없이 운행) **요금** 중학생 이상 ￥1,500, 초등학생 이하 ￥750 **가는 방법** 게이한(京阪) 전철 주쇼지마(中書島) 역 북쪽 출구에서 도보 3분 **발음** 후시미줏코쿠부네

+Plus 교토에서 기모노 체험 즐기기

최근 교토를 여행하는 관광객의 필수 체험 코스가 되고 있는 것이 바로 '일본의 전통 의상인 기모노 입기'다. 교토의 옛 정취가 물씬 풍기는 거리를 거닐며 관광 명소를 돌아볼 때 의상까지 갖춰 입으면 여행의 재미는 배가 될 것이다.

> **Tip** 가까운 기모노 대여점 찾기
> 예약 없이 현지에서 곧바로 대여하고 싶다면 구글맵 검색창에서 'kimono rental'을 검색하면 현위치에서 가까운 대여점을 찾을 수 있다.

[주요 기모노 대여점]
기요미즈데라가 위치하는 기온(祇園) 지역에 기모노를 대여해주는 대여점이 밀집되어 있으며, 아라시야마와 교토역 주변에도 자리하고 있다. 대여점 공식 홈페이지에서 예약하는 것이 일반적이나, 마이리얼트립, kkday, 클룩 등 여행 전문 플랫폼에서도 진행할 수 있다.

[대여 시 주의사항]
① 대여하고 싶은 이들에 비해 가게 수가 많지 않으므로 여행 날짜가 확정되었다면 온라인 사이트를 통해 미리 예약을 진행하는 편이 좋다.
② 대여점이 문을 여는 시간대에 맞춰서 예약하면 비교적 기모노 디자인이 다양할 때 고를 수 있기 때문에 이른 시간에 방문하는 것을 권장한다.
③ 여름에는 얇은 소재로 된 여름용 기모노인 '유카타(浴衣)'를 입자. 현지인들은 여름 축제나 불꽃놀이 등의 이벤트에 유카타를 입고 방문한다.
④ 대여점의 기본 패키지에는 기모노와 가방, 신발 등의 소품만 포함된 것이 있다. 전문가가 직접 입혀주거나 헤어 세팅까지 하고 싶다면 추가 요금을 내야 하는 경우가 있으므로 꼼꼼하게 살펴보고 예약해야 한다.
⑤ 남자 기모노가 없는 대여점도 있으니 주의할 것. 남자 기모노를 갖춘 곳은 커플 패키지 요금도 있으니 참고한다.
⑥ 기모노 자체가 조여 입는 옷이라 답답함을 느낄 수 있다. 전용 신발인 조리(草履)는 생각보다 걷기에 불편하다. 하루 전체를 통째로 빌리기보단 반나절 일정으로 대여하는 것을 권한다.

RESTAURANT
교토의 식당

기요미즈데라, 기온

니신소바 마쓰바 総本家にしんそば 松葉 本店

교토의 명물 음식 중 하나인 청어 메밀국수 '니신소바(にし
んそば)'를 고안한 원조 소바집. 니신소바란 말린 청어를 다
시마와 묽은 간장을 사용해 매콤하게 간을 하여 조린 것을
따뜻한 소바 위에 얹어 함께 먹는 음식으로, 잘게 썬 파를 취
향껏 적당히 올려 먹는다. 약 140년 전인 1882년 2대째 가
게를 꾸려가고 있던 주인장이 영양분을 균형 있게 골고루 섭취할 수 있는 음식을 고민하다 만들어낸
것이라 한다. 청어 외에도 돼지고기, 튀김, 유부 등을 얹은 다양한 소바가 준비되어 있다.

지도 P.153-A1 ▶ **주소** 東山区四条大橋東入ル川端町192 **전화** 075-561-1451 **홈페이지** www.sobamatsuba.
co.jp **운영** 10:30~21:00(마지막 주문 20:40), 수·목요일 휴무(공휴일이면 영업) **가는 방법** 게이한(京阪) 전철 교토본
(京都本) 선 기온시조(祇園四条) 역 6번 출구에서 바로 **발음** 니신소바마츠바

교고쿠카네요 京極かねよ

교토의 명물 음식인 '긴시동(きんし丼)'을 맛볼 수 있는 장어
전문점. 긴시동은 양념을 발라 숯불에 구워 낸 장어를 흰 쌀
밥 위에 얹고 두꺼운 달걀지단으로 덮어 제공하는 음식이다.
밥, 장어, 달걀지단 삼위일체에 100년 된 이곳만의 비법 소스
를 뿌려 더욱 깊은 맛을 낸다. 장어를 구울 때 사용하는 양념
을 그대로 닭고기에 사용해 구워 낸 닭고기 숯불 정식(鶏炭火焼き定食)도 일품이니 함께 즐겨보자.

지도 P.152-B1 ▶ **주소** 中京区松ケ枝町456 **전화** 075-221-0669 **홈페이지** www.kyogokukaneyo.co.jp **운영**
11:30~16:00(마지막 주문 15:30), 17:00~20:30(마지막 주문 20:00), 수요일 휴무 **가는 방법** 게이한(京阪) 전철 교토
본(京都本) 선 산조게이한(三条京阪) 역 6번 출구에서 도보 5분 **발음** 쿄오고쿠카네요

이즈우 いづう

1781년에 문을 연 초밥 전문점으로 교토의 명물 음식인 고
등어 초밥(鯖姿寿司)으로 유명한 곳이다. 인근 해안에서 잡
은 고등어 중 가장 좋은 것을 들여와 등줄기를 따라 칼집을
넣고 갈라 식초에 절인 다음 홋카이도산 다시마로 감싸 다
음 맛이 오래 유지되도록 다시 대나무 껍질에 감쌌다. 보통
관광객은 가게에서 먹으나 현지인은 포장해 집에서 먹는다.

지도 P.153-C1 ▶ **주소** 東山区清本町367 **전화** 075-561-0751 **홈페이지** www.izuu.jp **운영**
월~토요일 11:00~21:00 일요일·공휴일 11:00~21:00, 화요일 휴무(공휴일이면 영업) **가는 방법** 게이한(京阪) 전철
교토본(京都本) 선 기온시조(祇園四条) 역 9번 출구에서 도보 3분 **발음** 이즈우

아코야자야 阿古屋茶屋

가지, 오이, 연근 등의 채소를 절여 일종의 김치 역할
을 하는 일본의 대표 반찬 쓰케모노(漬物)를 비롯해
흰 쌀밥, 잡곡밥, 죽, 미소 된장국 등을 시간제한 없이
무제한 먹을 수 있는 뷔페. 녹차에 밥을 말아먹는 일
본 전통음식 오차즈케(お茶漬け)를 마음껏 즐길 수
있도록 녹차와 호지차도 제공한다. 첫술은 20가지의

쓰케모노와 함께, 두 번째는 오차즈케로, 마지막은 죽으로 마무리하라고 점원은 말한다. 기요미즈데
라(清水寺)에서 가까운 니넨자카(二年坂)에 위치하여 주변 관광을 끝내고 방문하기에도 좋다.

지도 P.153-D2 ▶ 주소 東山区清水3-343 전화 075-525-1519 홈페이지 www.kashogama.com/akoya 운영 화~
금요일 11:00~16:00, 토~월요일 11:00~17:00 가는 방법 니넨자카(二年坂)에서 산넨자카(三年坂)로 가는 계단 왼편
에 위치 발음 아코야자야

히사고 祇園下河原 ひさご

소바 전문점이긴 하나 오야코동(親子丼)으로 더 유명
하다. 오야코동이란 닭고기에 달걀을 풀어 반숙으로
익혀 밥 위에 얹은 것을 말한다. 여기서 '오야'는 부
모, '코'는 자식을 가리키는데 닭고기와 달걀이 음식
에 함께 들어있어 이와 같은 이름이 붙여졌다. 오야
코동은 가다랑어와 다시마를 우린 육수에 닭고기를

삶아 그 풍미가 진하게 배어 있다. 전체적으로 단맛이 나지만 교토에서는 산초
가루를 넣어 톡 쏘는 맛도 함께 느낄 수 있다. 일본식 어묵인 가마보코(蒲鉾)와
잎새버섯을 얹은 덮밥 기노하동(木の葉丼)은 현지인에게 인기가 높은 메뉴다.

지도 P.153-C1·D1 ▶ 주소 東山区下河原町484 전화 050-5485-8128 홈페이지 kyotohisago.gorp.jp 운영 11:30
~16:00(마지막 주문 15:30), 월·금요일 휴무 가는 방법 100·202·206·207번 버스 히가시야마야스이(東山安井)
정류장에서 도보 4분 발음 히사고

쇼쿠도엔도 食堂エンドウ

진한 빨간색 외관이 인상적인 음식점이다. 간판 메뉴
인 참치회덮밥(マグロ丼)은 외관만큼 빨갛고 먹음직
스럽다. 깨소금과 한국풍의 매콤달콤 소스를 무친 두
툼한 참치를 밥 위에 얹고 김과 파, 온천 달걀도 함께
담았다. 토핑까지 더하면 그야말로 맛이 없을 수가
없는 조합이다. 기본 참치 덮밥에 아보카도나 두부,

고춧가루 등을 추가한 메뉴가 주를 이루며 채소 절임과 미소 된장국이 기본으로 포함되어 있다. 늦은
시간에 방문하면 다 팔리고 없는 경우가 있으므로 가급적 오후 1시 이전에 방문하는 것을 추천한다.

지도 P.153-D2 ▶ 주소 東山区清水2-241-4 전화 075-525-5752 운영 11:30~15:00 가는 방법 100, 202·206·
207번 버스 기요미즈미치(清水道) 정류장에서 도보 4분 발음 쇼쿠도엔도오

d식당 교토 d食堂 京都

생활디자인 전문 편집 매장인 '디앤디파트먼트
(D&DEPARTMENT)'가 운영하는 음식점. 교토의
식재료를 사용한 교토만의 메뉴를 맛볼 수 있으
며, 멋스러운 사찰 내에 자리하고 있어 아름다
운 풍경을 바라보며 음식을 즐길 수 있는 점도
매력으로 꼽힌다. 시즌마다 메뉴가 달라지는데, 교토의 전통음식을 현대
화한 메뉴나 인근 지역의 명물 요리를 선보이기도 한다. 창업 초기부터
제공한 매콤한 맛의 드라이 카레(ドライカレー)도 인기다.

지도 P.152-A1 **주소** 下京区新開町397 本山佛光寺内 **전화** 075-343-3215 **홈**
페이지 www.d-department.com/ext/shop/kyoto.html **운영** 11:00~18:00, 화·수요일 휴무 **가는 방법** 지하철
가라스마(烏丸) 선 시조(四条) 역 5번 출구에서 도보 5분 **발음** 디이쇼쿠도오쿄오토

슌사이 이마리 旬菜いまり

제철 식재료를 살린 교토의 전통 가정식 반찬
오반자이(おばんざい)로 차린 한상 차림을 사
전 예약을 통해 아침 한정으로만 제공하는 음식
점. 오반자이는 교토의 궁중이나 사찰에서 만들
었던 요리가 시간이 흐르면서 서민의 가정요리
로 정착한 일종의 백반이다. 이마리에선 뚝배기
밥과 생선구이, 달걀말이, 채소절임, 미소 된장
국 등 교토의 오반자이를 제대로 맛볼 수 있다. 예약 시간에 맞추어 지은 밥과 반찬을 정성껏 차려 제
공한다. 시기마다 반찬 종류가 달라지므로 언제 방문해도 만족할 식사를 즐길 수 있다.

지도 P.152-A1 **주소** 中京区西六角町108 **전화** 075-231-1354 **홈페이지** www.kyoto-imari.com **운영**
07:30~09:30, 17:30~22:30, 화요일 휴무 **가는 방법** 지하철 가라스마(烏丸) 선, 도자이(東西) 선 가라스마오이케(烏丸
御池) 역 6번 출구에서 도보 6분 **발음** 슌사이이마리

야오사다 ごはん処 矢尾定

교토의 운치 있는 분위기가 고스란히 남아 있는
신마치 거리의 아담한 정식집. 100년이 넘는 전
통 가옥을 정성스럽게 가꾸어 밥집으로 문을 열
었다. 대대로 계승되어 온 교토 전통 방식대로
간을 하고 제철 식재료를 듬뿍 사용해 선보인
다. 초밥 위에 새우, 붕장어, 표고버섯, 연근 등
을 흩뿌리듯 얹은 지라시즈시(ちらし寿司)를 비
롯해 꽁치, 고등어, 연어, 삼치 등 생선구이와 덮밥류 등 여행자가 좋아할 만한 메뉴다.

지도 P.152-A1 **주소** 下京区新町通綾小路上る四条町361 **전화** 075-351-3518 **홈페이지** www.yaosada.com **운**
영 11:00~14:00, 17:30~20:00 **가는 방법** 지하철 가라스마(烏丸) 선 시조(四条) 역 4번 출구에서 도보 5분 **발음** 야오
사다

하치다이메 기헤이 八代目儀兵衛

은빛으로 빛나는 백미로 지은 밥을 부르는 호칭인 '긴샤리(銀しゃり)'를 궁극적인 목표로 한 음식점. 우수한 쌀, 밥을 짓는 기술, 밥을 짓는 가마솥 등 3개 요소가 어우러져 최고의 밥맛을 내는 것을 가치관으로 삼는다. 점심 메뉴는 생선, 튀김, 회, 덮밥 등을 메인으로 하여 맛있는 밥에 잘 어울리는 각종 반찬을 갖추고 있다. 밥은 무한리필 서비스를 실시하며, 10분을 넘기지 않은 갓 지은 밥만 제공하는 것을 원칙으로 한다.

지도 P.153-C1 ▶ 주소 東山区祇園町北側296 전화 075-708-8173 홈페이지 www.okomeya-ryotei.net 운영 11:00~14:00, 18:00~21:00, 수요일 휴무 가는 방법 201·202·203·206번 버스 기온(祇園) 정류장에서 도보 1분 발음 하치다이메기헤에

마사요시 京都ダイニング正義

흑우 쇠고기 브랜드 '파인규(パイン牛)'를 만드는 업체가 직접 운영하는 쇠고기 전문점. 미야자키(宮崎)현 목장에서 파인애플을 배합한 오리지널 사료로 키워낸 것으로, 부드러운 육질과 풍부한 향을 지녀 쇠고기 본연의 맛을 느낄 수 있다. 또한 지방이 적당히 자리 잡은 부드러운 살코기가 특징인 세계적 쇠고기 품종인 앵거스로 만든 쇠고기 스테이크(アンガス牛ステーキ)를 비롯해 우설, 부챗살, 안창살 등 다양한 메뉴가 준비되어 있다.

지도 P.152-B1 ▶ 주소 中京区大黒町45 1F 전화 075-252-0344 홈페이지 dining-masayoshi.com 운영 11:00~15:00, 17:00~22:00 가는 방법 게이한(京阪) 전철 교토본(京都本) 선 산조게이한(三条京阪) 역 6번 출구에서 도보 3분 발음 마사요시

구시하치 串八

'싸고 맛있고 즐겁고 활기차고 성실한 가게'를 모토로 삼은 꼬치 요리 전문점. 교토 시내에만 10개 점포를 운영하는 교토의 로컬 체인점으로, 엄선한 재료를 합리적인 가격에 제공해 현지인의 든든한 지지를 얻고 있다. 꼬치에 쇠고기, 고구마, 치즈, 바나나 등 60종류의 튀김 꼬치 '구시카츠(串かつ)'와 닭고기를 다양한 맛으로 구워낸 30종류의 '야키토리(焼とり)'는 물론이고 간단한 식사나 술안주로 제격인 70종류의 일품 요리도 있어 풍부한 메뉴를 자랑한다.

지도 P.152-A1 ▶ 주소 下京区函谷鉾町101 전화 075-212-3999 홈페이지 www.kushihachi.co.jp 운영 16:30~23:00, 월요일 휴무 가는 방법 한큐(阪急) 전철 교토(京都) 선 가라스마(烏丸) 역 24번 출구에서 도보 1분 발음 쿠시하치

사료쓰지리 茶寮都路里

교토의 대표 전통 디저트 전문점. 일본차를 마시는 것에만 그치지 않고 먹을 수도 있다는 것을 보여주고자 시작하였다. 교토 우지(宇治) 지방의 고급 말차를 듬뿍 사용한 디저트는 아이스크림, 카스텔라, 젤리 등의 다양한 형태로 만나볼 수 있다. 이 모든 것이 담긴 간판 메뉴 파르페는 다소 비싼 가격이 흠이지만 교토에 왔다한 번은 즐길 만하다. 일본식 단팥죽 젠자이(ぜんざい), 말차를 넣어 면을 뽑고 두유를 베이스로 한 소바, 미소 된장과 말차를 섞어 만든 우동 등 간단한 식사 메뉴도 갖추고 있다.

지도 P.153-C1 주소 東山区四条通祇園町南側573-3 **전화** 075-561-2257 **홈페이지** www.giontsujiri.co.jp **운영** 10:30~19:00, 연중무휴 **가는 방법** 게이한(京阪) 전철 교토본(京都本) 선 기온시조(祇園四条) 역 6번 출구에서 도보 2분 **발음** 사료오츠지리

니켄차야 二軒茶屋

기온(祇園)의 명물 음식인 덴가쿠토후(田楽豆腐)의 발상지이자 역사와 전통을 지닌 찻집. 언제부터 시작되었는지는 정확히 알 수 없지만 1787과 1802년에 간행된 문헌에 기록되어 있을 정도로 오래되었다. 덴가쿠토후는 넓적한 두부에 산초나무 순으로 만든 미소된장을 발라 꼬치에 끼운 것으로 에도(江戸) 시대에 만들어져 500년 가까이 사랑을 받고 있는 음식이다. 옛 창고를 개조한 가게 내부는 일본풍의 깔끔한 분위기로, 교토 풍경이 훤히 내다보이는 2층 테라스석에 앉아만 있어도 절로 힐링이 된다.

지도 P.153-C1 주소 東山区祇園八坂神社鳥居内 **전화** 075-561-0016 **홈페이지** www.nikenchaya.jp **운영** 11:00~18:00, 수요일 휴무 **가는 방법** 야사카 신사(八坂神社) 입구 동쪽에 위치 **발음** 니켄차야

이노다커피 イノダコーヒ

1940년에 창업한 교토의 노포 카페. 로스팅 공장을 따로 운영하며 오리지널 커피를 제공한다. 따뜻한 커피를 마시고 싶다면 모카를 베이스로 한 유러피안 스타일의 아라비아의 진주(アラビアの真珠)를, 아메리카노는 콜롬비아산 커피를 베이스로 한 콜롬비아의 에메랄드(コロンビアのエメラルド)를 추천한다. 두 커피 모두 함께 제공되는 우유와 시럽을 넣어 마시도록 권장하고 있다. 1층은 멋스러운 일본 정원이 한눈에 보이고 2층은 고급 호텔 레스토랑이 연상되는 차분하고 조용한 분위기를 풍긴다. 가게 입구에는 커피 제품을 판매하는 코너도 마련되어 있다.

지도 P.152-A1 주소 中京区堺町通三条下ル道祐町140 **전화** 075-221-0507 **홈페이지** www.inoda-coffee.co.jp **운영** 07:00~18:00(마지막 주문 17:30), 연중무휴 **가는 방법** 지하철 가라스마(烏丸) 선, 도자이(東西) 가라스마오이케(烏丸御池) 역 5번 출구에서 도보 5분 **발음** 이노다코오히이

주몬도 +文堂

일본식 경단 '당고(団子)'를 다양한 맛으로 즐길 수 있는 교토 전통 디저트 전문점. 직경 12mm 자그마한 크기의 당고는 불에 맛있게 구워져 5종류의 양념을 묻혔다. 교토풍 흰 미소된장, 일본식 콩고물, 검은깨 간장쇼유, 구운 떡, 통팥앙금 등의 맛으로 이루어진 '단라쿠(団楽)'가 간판 메뉴. 여기에 말차 프라페, 호지차 프라페, 유즈소다, 멜론소다 등의 음료와 함께 먹는 세트 메뉴도 준비되어 있다. 종 모양의 모나카, 밤 디저트 등 디저트 메뉴도 다채롭다.

지도 P.153-C2 **주소** 東山区東大路松原上る二丁目玉水町76-76 **전화** 075-525-3733 **홈페이지** jumondo.jp **운영** 수·목요일 11:00~18:00, 금~월요일 11:00~17:30, 화요일 휴무 **가는 방법** 18·58번 버스 기요미즈미치(清水道) 정류장에서 도보 1분 **발음** 주우몬도오

스마트커피점 スマート珈琲店

1932년부터 오래도록 사랑받고 있는 카페. 가게명에 붙은 영어명 대로 영리하고 재치있는 서비스를 하는 곳이 되고 싶다는 포부가 담겨 있다. 직접 로스팅한 오리지널 블렌드 원두를 사용한 커피와 곁들여 먹는 간식과 디저트 메뉴가 인기 높다. 한국인 여행자가 좋아하는 팬케이크(ホットケーキ), 달걀 샌드위치(タマゴサンドイッチ), 프렌치 토스트(フレンチトースト)는 현지인들에게도 인기가 높은 메뉴.

지도 P.152-B1 **주소** 中京区天性寺前町537 **전화** 075-231-6547 **홈페이지** smartcoffee.jp **운영** 08:00~19:00 **가는 방법** 지하철 도자이(東西) 선 교토시야쿠쇼마에(京都市役所前) 역 1번 출구에서 도보 2분 **발음** 스마아토코오히이텐

로쿠요샤커피점 六曜社珈琲店

프라넬 천을 필터로 커피를 추출해 부드럽고 깔끔한 맛을 내는 넬드립(ネルドリップ) 커피를 중심으로 다양한 커피를 제공하는 일본식 다방 깃사텐(喫茶店). 1950년부터 거리의 살롱으로 오래도록 사랑을 받고 있다. 가게 분위기도 예전과 변함 없는 복고풍 느낌이 물씬 난다. 엄선한 생두를 정성스럽게 로스팅하여 최고의 커피를 선보이고 있으며, 오리지널 원두를 판매하기도 한다.

지도 P.152-B1 **주소** 中京区大黒町40-1 **전화** 075-241-3026 **홈페이지** rokuyosha-coffee.com **운영** 12:00~22:30(마지막 주문 22:00), 수요일 휴무 **가는 방법** 지하철 도자이(東西) 선 교토시야쿠쇼마에(京都市役所前) 역 1번 출구에서 도보 3분 **발음** 로쿠요오샤코오히이텐

≘각사

난젠지 준세이 南禅寺 順正

교토의 대표적인 전통음식인 유도후(湯豆腐)를 선보이
ᆫ 음식점. 유도후란 다시마를 바닥에 깐 냄비에 깍둑
ᆫ기한 두부와 물을 넣고 끓인 것을 간장과 양념에 찍어
는 요리다. 부드러운 식감과 함께 담백한 두부 본연
ᆫ 맛을 즐길 수 있다. 유도후는 본래 스님의 사찰음식
였으며, 난젠지 주변에서 시작된 것이라 이 부근에 전문점이 많다. 준
이는 교토 특유의 정원 풍경을 바라보며 음식을 즐길 수 있어 인기가 높
. 유도후, 튀김, 회, 유바 등 다양한 메뉴로 구성된 코스 요리를 선보인다.

I도 P.155-B2 ▶ **주소** 左京区南禅寺草川町60 **전화** 075-231-2311 **홈페이지** www.to-fu.co.jp **운영** 11:00~
5:30, 17:00~21:30 **가는 방법** 지하철 도자이(東西) 선 게아게(蹴上) 역 2번 출구에서 도보 5분 **발음** 난젠지준세이

교토미 京とみ

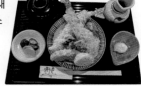

김 덮밥(天丼)과 일본식 튀김(天ぷら)을 전문으로
 음식점. 고요한 주택가 사이에 자리해 그리 크지
ᆫ 아담한 가게 안은 차분한 분위기를 풍긴다. 각
 해산물과 채소를 바삭하게 튀겨낸 튀김은 좋은 식
료를 사용했음이 느껴질 만큼 맛이 좋다. 튀김을
어 먹는 달콤한 덴쓰유 소스와도 잘 어울린다. 메인 튀김은 새
, 오징어, 붕장어 중에서 고를 수 있으며, 일본식 달걀말이, 미소
장국, 채소 절임으로 구성되어 있다.

I도 P.155-A2 ▶ **주소** 京都市東山区石泉院町393-3 **전화** 075-752-8668
영 11:00~14:00, 17:30~19:00, 월·화요일 휴무 **가는 방법** 지하철 도자
(東西) 선 히가시야마(東山) 역 1번 출구에서 도보 1분 **발음** 쿄오토미

릴코다카라 グリル小宝

61년 오픈한 이래 레시피를 바꾸지 않고 한결같은
을 내는 경양식 전문점. 다양한 메뉴가 있지만 꼭
어봐야 할 음식은 이 집의 자랑거리 드비소스(ドビ
ース)가 듬뿍 뿌려진 요리. 드비소스는 소 힘줄, 양
 당근, 토마토케첩 등을 넣어 2주일 이상 약한 불
푹 삶은 것으로 깊고 진한 데미글라스 맛과 케첩의 달콤한 맛, 각종 채
의 쓴맛이 동시에 느껴지는 것이 특징이다. 인기 메뉴인 오므라이스(オ
ライス)와 하야시라이스(ハイシライス)가 드비소스로 만든 음식이다.

도 P.155-A2·B2 ▶ **주소** 左京区岡崎北御所町46 **전화** 075-771-5893 **홈페이지** www.
llkodakara.com **운영** 11:30~20:30, 화·수요일 휴무 **가는 방법** 헤이안진구(平安神宮) 입구에서 도보 4분 **발음**
리루코다카라

오멘 名代おめん

1967년에 창업한 우동 전문점. 매끈하고 쫄깃한 면발과 가다랑어, 다시마를 진하게 우린 육수 그리고 향신료를 첨가해 매콤달콤하게 조리한 우엉과 깨 등 다양한 재료가 합쳐져 절묘한 맛을 낸다. 대표 메뉴이자 가게 이름이기도 한 오멘(おめん)은 육수에 면을 적셔 먹는 쓰케멘 형태로, 일본식 튀김 덴뿌라(てんぷら)나 초밥 등을 함께 곁들여 먹을 수 있도록 계절마다 다양한 메뉴를 내놓는다. 비치된 4가지 종류의 특선 고춧가루를 뿌려 먹으면 더욱 맛있다.

지도 P.155-B2 **주소** 左京区浄土寺石橋町74 **전화** 075-771-8994 **홈페이지** www.omen.co.jp **운영** 11:00~21:00(마지막 주문 20:00), 홈페이지에서 휴무일 확인 **가는 방법** 은각사에서 도보 6분 **발음** 오멘

야마모토멘조 山元麺蔵

현지인과 관광객에게 극찬을 받고 있는 우동집. 간판 메뉴는 우엉튀김우동(土ごぼう天うどん). 다시마와 각종 생선을 혼합한 육수를 베이스로 한 쫄깃하고 탱탱한 밀가루면이 특징인 사누키 우동(讃岐うどん) 스타일이다. 이에 우엉튀김을 함께 먹는 심플한 구성이지만 결코 단순한 맛이 아니다. 우동은 따뜻한 국물에 면을 넣은 기본 우동, 국물과 차가운 면을 따로 제공하는 자루우동, 한 육수에 찍어 먹는 쓰케멘 3가지 종류 중 선택할 수 있다. 두반장과 고추장을 첨가해 매콤한 맛 더한 우동 빨간 멘조 스페셜(赤い麺蔵スペシャル)도 인기가 높다.

지도 P.155-A2·B2 **주소** 左京区岡崎南御所町34 **전화** 075-751-0677 **홈페이지** yamamotomenzou.com **운영** 11:00~18:00(수요일은 11:00~14:30), 목요일·넷째 주 수요일 휴무 **가는 방법** 헤이안진구(平安神宮) 입구에서 도보 5분 **발음** 야마모토멘조오

히노데우동 日の出うどん

교토의 카레우동 하면 꼽히는 곳. 난젠지(南禅寺), 에이칸도(永観堂) 등 관광지에 인접하여 여느 음식점과 마찬가지로 오픈 전부터 줄을 서는 손님들로 북적인다. 메인 메뉴인 카레우동은 가다랑어와 다시마 육수에 인도산 카레 가루를 넣어 하루 종일 우려낸 진한 국물로 좋은 반응을 얻고 있다. 쇠고기와 유부, 파가 들어간 도쿠카레(特カレー)는 보통맛을 비롯해 매운 강도를 선택할 수 있고 면 또한 우동면, 소바면, 중화면 3가지 종류가 있다.

지도 P.155-B2 **주소** 左京区南禅寺北ノ坊町36 **전화** 075-751-9251 **운영** 11:00~15:00, 일요일, 첫째 주와 셋째 주 월요일 휴무(7·8·12월 무휴) **가는 방법** 에이칸도(永観堂) 입구에서 도보 4분 **발음** 히노데우동

교토 모던 테라스 京都モダンテラス

높은 천장과 개방감이 느껴지는 넓은 공간에 꾸며진
음식점으로, 오카자키 공원 속 모더니즘 건축물 2층
에 자리하고 있다. 1층은 유명한 문화예술 시설인 쓰
타야(蔦屋) 서점이 있어 찾기 쉽다. 교토의 유명 음식
점과의 협업으로 탄생한 음식을 선보이는데, 일본 정
식부터 스파게티, 카레, 스테이크 등 다양한 메뉴로 구성되어 있다.

지도 P.155-A2 **주소** 左京区岡崎最勝寺町13 2F **전화** 075-754-0234 **홈페이**
지 store.tsite.jp/kyoto-okazaki **운영** 11:00~20:00(마지막 주문 19:00) **가**
는 방법 32·46번 버스 오카자키코오엔 로무시아타코오토(岡崎公園 ロームシ
アター京都) 정류장에서 바로 **발음** 쿄오토모단테라스

모안 茂庵

다이쇼(大正) 시대 때 다도 모임으로 이용할 목적으
로 지어진 다실을 그대로 사용하고 있는 산속 카페.
교토대학 옆 작은 언덕 위 전망대에 자리하고 있어 시
내와는 사뭇 다른 분위기를 풍긴다. 일상 속 비일상
을 누리고자 이곳을 선택했다고 한다. 교토의 등록유
형문화재로도 지정된 전통가옥에서 음미하는 차 한
잔은 분명 특별한 시간을 선사할 것이다. 작은 과자
와 음료가 함께 나오는 단일 메뉴로 운영되고 있다.

지도 P.155-B2 **주소** 左京区吉田神楽岡町8 **전화** 075-761-2100 **홈페이지** www.mo-
n.com **운영** 12:00~16:30(마지막 주문 16:30), 월·화요일 휴무 **가는 방법** 5·17·203번
버스 긴카쿠지미치(銀閣寺道) 정류장에서 도보 15분 **발음** 모안

우사기노잇포 卯sagiの一歩

게 문 열기 전부터 기다란 대기 행렬을 이루는 인
오반자이(おばんざい) 정식집. 오반자이란 교토
람들이 일반적으로 먹는 가정식 반찬이다. 우사기
잇포에서는 곤약, 두부, 가지, 햄 등 메인 요리와 함
오반자이 5종류와 미소된장국, 채소 절임이 한상
나오는 오반자이 정식을 선보인다. 100년 된 전통
옥에서 교토의 맛을 즐겨보자.

지도 P.155-A2 **주소** 左京区岡崎円勝寺町91-23 **전화** 075-
1-6497 **홈페이지** usaginoippo.kyoto
영 11:00~15:00(마지막 주문 14:30),
요일 휴무 **가는 방법** 지하철 도자이(東
)선 히가시야마(東山) 역 1번 출구에
도보 5분 **발음** 우사기노잇포

금각사·니조조

마루타마치 주니단야 丸太町 十二段家

1912년에 창업한 오차즈케(お茶漬け) 전문점. 전통 무대예술인 가부키(歌舞伎) 공연을 기념으로 만든 12단 디저트 코스가 큰 인기를 누리면서 '12단집'을 의미하는 지금의 이름으로 정착했다. 이후 단골손님에게 제공하던 오차즈케와 미소된장국이 좋은 반응을 얻으면서 본격적으로 판매하기 시작하였다. 오차즈케 메뉴는 채소 절임 모둠, 일본식 달걀말이 다시마키 붉은 된장국, 밥으로 구성된 스즈시로(すずしろ), 스즈시로에 계절 일품요리가 추가된 미즈나(水菜), 미즈나에 회모둠을 추가한 나노하나(菜の花)가 있다. 반찬 본연의 맛을 음미하면서 밥을 먹은 다음 마지막에 녹차를 말아서 후루룩 마시는 것이 일반적이다. 점심시간에 한해 밥을 무료로 리필해준다.

지도 P.154-A2 주소 中京区丸太町通烏丸西入 전화 075-211-5884 홈페이지 www.m-jyunidanya.com 운영 11:30~14:00, 17:00~20:00(재고 소진되면 폐점), 수요일 휴무 가는 방법 지하철 가라스마(烏丸) 선 마루타마치(丸太町) 역 4번 출구에서 도보 1분 발음 마루타마치주니단야

혼케오와리야 本家尾張屋 本店

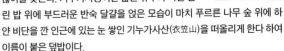

1465년에 문을 연 550년 이상의 역사를 자랑하는 음식점. 사실 이곳의 간판 메뉴는 소바이나 기누가사동(衣笠丼)이라는 교토의 전통음식도 맛볼 수 있어 많이들 찾는다. 기누가사동이란 얇은 유부와 파를 올린 밥 위에 부드러운 반숙 달걀을 얹은 모습이 마치 푸르른 나무 숲 위에 하얀 비단을 깐 인근에 있는 눈 쌓인 기누가사산(衣笠山)을 떠올리게 한다 하여 이름이 붙은 덮밥이다.

지도 P.154-A2 주소 中京区車屋町通二条下る仁王門突抜町322 전화 075-231-3446 홈페이지 honke-owariya.co.jp 운영 11:00~15:30(마지막 주문 15:00), 1/1~1/2 홈페이지 확인 가는 방법 지하철 가라스마오이케(烏丸御池) 역 1번 출구에서 도보 2분 발음 혼케오와리야

이타다키 いただき

금각사 부근에 자리한 음식점 가운데 현지 관광객에게 높은 인지도와 인기를 누리고 있는 일본식 양식점. 치즈 햄버그 스테이크, 새우튀김, 게살 크림 크로켓, 닭튀김 등 이곳의 인기 메뉴를 전부 맛볼 수 있는 인기 양식 모둠(人気の洋食盛り合わせ)이나 3주간 끓인 데미글라스 소스를 끼얹은 햄버그스테이크와 매일 바뀌는 메뉴를 함께 제공하는 런치 세트를 주문하면 좋다.

지도 P.156상단 -B 주소 北区衣笠馬場町30-5 전화 075-465-9102 홈페이지 kinkakuzi-itadaki.owst.jp 운영 11:30~15:15, 17:30~20:00, 월요일, 넷째 주 화요일(공휴일이면 다음날) 가는 방법 12·59·204·205번 버스 긴카쿠지미치(金閣寺道) 정류장에서 도보 4분 발음 이타다키

도리이와로 鳥岩楼

닭 뼈를 장시간 끓인 육수로 삶은 닭고기 위에 달걀
을 풀어 살짝 익힌 것을 밥 위에 얹어 먹는 덮밥 '오야
코동(親子丼)'을 점심 한정으로 900엔이라는 합리적
인 가격에 선보이는 닭고기 전골 '미즈타키(水炊き)'
전문 노포. 교토에서는 밥 위에 산초 가루를 뿌려 먹
는데, 독특한 향과 감칠맛이 느껴진다. 100년 이상
된 전통가옥에 앉아 음식을 즐기는 기분도 함께 만끽할 수 있다.

지도 P.156상단-B 주소 上京区五辻通智恵光院西入ル五辻町75 **전화** 075-441-
0004 **운영** 11:30~15:00, 목요일 휴무 **가는 방법** 201·203번 버스 이마데가와조후쿠
지(今出川浄福寺) 정류장에서 도보 3분 **발음** 토리이와로오

교자노오쇼 餃子の王将

일본 전국에 700개 이상의 체인점을 운영하는 일본
식 중화요리 전문점의 본점이 교토라는 사실을 아는
지. 일본 어디서든 볼 수 있는 밥집은 사실은 교토 현
지인의 소울푸드에서 시작됐다. 교자, 볶음밥, 새우
칠리, 마파두부 등 한국인 입맛에도 맞는 메뉴 외에
도 본점에서만 먹을 수 있는 한정 '오미야 세트(大宮
セット)'를 제공하는 등 다양한 음식
을 맛볼 수 있다. 참고로 오미야
세트는 고기 완자와 단 식초 소
스를 끼얹은 달걀으로 구성되어
있다.

지도 P.154-A2 주소 中京区錦大宮町116-2 **전화** 075-801-7723 **홈페이지** www.ohsho.co.jp **운영** 10:00~
4:30 **가는 방법** 한큐(阪急) 전철 교토(京都) 선 오미야(大宮) 역 5번 출구에서 도보 1분 **발음** 교오자노오쇼오

하나마키야 京のそば処 花巻屋

교토의 향토 요리인 다양한 종류의 소바를
제공하는 소바 전문점. 교토의 명물 중 하나
인 청어조림을 얹은 니신소바(にしんそば), 감
귤과 유자를 섞은 듯한 과일인 영귤을 한가득 얹
어 상큼한 스다치소바(すだちそば) 외에도 다양한 온냉
소바를 선보이며, 장어덮밥과 일본식 튀김덮밥 등 한국인이 선호
하는 메뉴도 판매하고 있다. 덮밥과 소바 세트도 준비되어 있으
니 참고하자.

지도 P.156상단-B 주소 北区衣笠御所ノ内町17-2 **전화** 075-464-4499
운영 월~금요일 11:30~16:00 토·일요일 11:30~17:00, 목요일 휴무 **가는 방법** 204·205번 버스 긴카쿠지미치(金閣寺道) 정류장에서 도보 1분 **발음** 하나마키야

미미미 커피하우스 ミーミーミーコーヒーハウス

아기자기한 매력이 넘치는 아담한 카페. 커피와 주스 등의 음료 메뉴 외에 가게 오픈부터 오전 11시까지만 제공하는 아침 메뉴가 좋은 반응을 얻고 있다. 토스트, 팬케이크, 샌드위치 등 크게 세 종류로 구성되어 있으며 모든 메뉴에는 커피 또는 카페라테 중 선택 가능한 음료가 포함되어 있다. 깜찍한 플레이팅으로 한 번 더 감동을 선사하기도 한다.

지도 P.154-B2 주소 京都市上京区上生洲町210 전화 075-211-5880 홈페이지 @mememecoffeehouse(인스타그램) 운영 08:30~15:00 가는 방법 게이한(京阪) 전철 게이한본선(京阪本) 선 진구마루타마치(神宮丸太町) 역 3번 출구에서 도보 5분 발음 미이미미이미이코오히이하우스

우메조노사보 うめぞの茶房

먹기 아까울 만큼 아름다운 양갱을 선보이는 디저트 전문점. 기온과 가와라마치에서 양과자 전문점을 운영하고 있는 우메조노(梅園)가 화과자 중 하나인 양갱에만 특화된 곳을 차린 것. 말차, 벚꽃, 레몬, 홍차, 살구, 단팥 등 계절마다 다른 맛을 선보이는데, 단팥과 말차가 가장 인기가 높다. 2층 카페 공간에서 녹차와 함께 천천히 음미해보는 것을 추천한다.

지도 P.154-A1 주소 北区紫野東藤ノ森町11-1 전화 075-432-5088 홈페이지 umezono-kyoto.com/nishijin 운영 11:00~18:30(마지막 주문 18:00) 가는 방법 6·46·59·206번 버스 센본구라마구치(千本鞍馬口) 정류장에서 도보 8분 발음 우메노조사보오

사라사니시진 さらさ西陣

80년 전 목욕탕 건물을 개조한 카페. 지브리 애니메이션 '센과 치히로의 행방불명'에 나올 것만 같은 외관부터 눈에 띈다. 가게 내부 곳곳에 목욕탕의 옛 모습이 거의 그대로 남아있어 요즘 유행하는 레트로 카페에 걸맞은 분위기를 갖추고 있다. 카레, 덮밥 등 점심 한정 음식을 비롯해 종일 맛볼 수 있는 디저트와 음료 메뉴도 충실하다.

지도 P.154-A1 주소 北区紫野東藤ノ森町11-1 전화 075-432-5075 홈페이지 www.cafe-sarasa.com 운영 일~목요일 11:30~21:00, 금·토요일 11:30~22:00, 수요일 휴무 가는 방법 6·46·59·206번 버스 센본구라마구치(千本鞍馬口) 정류장에서 도보 8분 발음 사라사니시진

교토역

도요테 東洋亭

1897년 창업한 교토의 대표적인 경
양식 전문점. 110년이 넘는 역사를 자랑하
는 만큼 오랜 단골손님도 많아 대기행렬이 끊이지 않
는다. 백년 양식 함박스테이크(百年洋食ハンバーグ
ステーキ)는 음식을 쿠킹포일로 감싼 채 보이지 않는
상태로 따끈따끈한 철판 위에 올려 나오는데, 포일을 열자마자 풍기는 진
한 소스의 맛과 먹음직스러운 비주얼이 식욕을 자극한다. 스테이크는 긴
말이 필요 없을 정도로 부드러운 육질을 자랑하며 절묘하게 어우러지
는 소스 또한 일품. 껍질을 벗긴 토마토를 차갑게 식힌 다음 특제 드레싱을
뿌린 통토마토 샐러드(丸ごとトマトサラダ)도 명물이다.

지도 P.150하단 -A 주소 京都市下京区東塩小路釜殿町31-1 近鉄名店街みやこみち 전화 075-662-2300 홈페
이지 www.touyoutei.co.jp 운영 11:00~22:00(마지막 주문 21:00) 가는 방법 JR전철 교토(京都) 역 하치조(八条)
출구에 있는 긴테쓰 미야코미치(近鉄名店街みやこみち) 내에 위치 발음 토오요오테에

규카쓰 교토가쓰규 牛カツ京都 勝牛

쇠고기를 커틀릿 스타일로 구운 규카쓰(牛かつ)를 전
문으로 하는 음식점. 미디엄 레어로 구운 선홍색의 고
기 표면을 보는 순간 절로 군침이 고인다. 겉은 바삭
하고 속은 살살 녹는 부드러운 식감과 입안에서 퍼지
는 촉촉한 육즙은 인기의 분명한 이유다. 모든 메뉴는
엄선한 쇠고기로 만들며 고급 품종인 구로게와규(黒毛和牛)를
사용한 규카쓰를 합리적인 가격에 맛볼 수 있다.

지도 P.151-B1 주소 下京区真苧屋町211 전화 075-365-4188 홈
페이지 gyukatsu-kyotokatsugyu.com 운영 11:00~22:00 가는
방법 JR전철 교토(京都) 역 중앙 출구에서 도보 4분 발음 규카츠 교토카츠규

가쓰쿠라 名代とんかつ かつくら

교토에서 시작하여 현재 전국적으로 지점을 운영하
는 돈카쓰 전문점. 일본 각지의 목장에서 직송된 우
수한 품질의 돼지고기만을 사용하고 밥과 양배추샐
러드도 역시 양질의 재료로 만든다. 메인 요리인 돈
카쓰 정식세트(とんかつ膳)를 주문하면 밥, 미소된장
국, 양배추, 절임 반찬이 제공되며, 참깨는 자그만 절구로 빻은 다음 테이블에 비치된 매운 돈카쓰 소
스나 달달한 소스 중 하나를 뿌려서 먹는다. 양배추에는 유자 드레싱 소스를 뿌리면 된다.

지도 P.150상단 -B 주소 下京区烏丸通塩小路下ル東塩小路町901京都ポルタ11F 전화 075-365-8666 홈페이지
www.katsukura.jp 운영 11:00~22:00(마지막 주문 21:30) 가는 방법 교토 포르타(P.133) 11층에 위치 발음 카츠쿠라

혼케다이이치아사히 다카바시
本家第一旭たかばし本店

교토역 인근에 위치한 라멘 명가. 최고의 맛을 내기 위해 재료 하나하나에 심혈을 기울여 꼼꼼하게 따진다. 엄선한 밀가루로 뽑은 수타면, 교토 남부 후시미(伏見) 지역의 전통 간장쇼유, 2번 출산 경험이 있는 체중 120kg의 암퇘지를 사용한 구운 돼지고기 차슈(チャーシュー), 교토에서만 나는 규죠네기(九条ネギ) 쪽파 등 정성을 쏟은 재료가 라멘 한 그릇에 들어 있다. 유사한 이름의 라멘 전문점이 있으나 전혀 관련이 없으며, 지점 없이 이곳만 영업하므로 주의하자.

지도 P.151-B1 주소 下京区東塩小路向畑町845 전화 075-351-6321 홈페이지 honke-daiichiasahi.com 운영 06:00~01:00, 목요일 휴무 가는 방법 JR전철 교토(京都) 역 중앙 출구에서 도보 5분 발음 혼케다이이치아사히타카바시

가나자와 마이몬스시 金沢まいもん寿司

가나자와 지방 인근 해안에서 잡은 싱싱한 해산물을 직송해와 선보이는 회전초밥 전문점. 교토역 지하상가에 자리하는 만큼 늘 기다란 대기행렬을 이룬다. 하지만 매장이 넓고 기차 출발 전 짬을 내어 방문한 손님이 대부분이라 회전은 꽤나 빠른 편이다. 제철 생선 한정 메뉴를 비롯해 각종 메뉴는 각 테이블에 비치된 터치패널을 통해 주문할 수 있으며 한국어도 지원해 편하다. 입장 전 가게 입구에 있는 대기표를 뽑으면 되는데, 테이블과 카운터 좌석을 선택할 수 있다.

지도 P.150하단-B 주소 下京区烏丸通塩小路下る東塩小路町902 전화 075-371-1144 홈페이지 www.maimon-susi.com 운영 11:00~22:00(마지막 주문 21:00) 가는 방법 JR전철 교토(京都) 역 중앙 출구 앞 교토 포르타(P.133) 지하상가 내에 위치 발음 카나자와마이몬스시

말브랑슈 マールブランシュ

케이크, 마카롱, 초콜릿 등 서양의 디저트를 일본 스타일로 재해석한 인기 디저트 전문점. 먹는 것이 아까울 정도로 예술적인 디저트를 볼 수 있는데, 마카롱을 벚꽃 모양으로 만들거나 교토의 사계절을 초콜릿으로 표현하는 등 교토에서 탄생한 브랜드라는 자부심이 느껴진다. 기존 메뉴에 그치지 않고 최신 유행을 반영한 새로운 디저트를 만나볼 수 있으며, 최근 일본에서 큰 인기를 얻고 있는 팬케이크를 교토풍으로 재해석한 메뉴도 눈길을 끈다. 일본차를 마시면서 디저트를 음미할 수 있는 세트 메뉴도 충실하다.

지도 P.150하단-A 주소 下京区東塩小路町901 JR京都伊勢丹3F 전화 075-343-2727 홈페이지 www.malebranche.co.jp 운영 10:00~20:00 가는 방법 JR교토이세탄백화점(P.133) 3층에 위치 발음 마아르브랑슈

아라시야마

아라시야마 요시무라 嵐山よしむら

수타 메밀국수를 맛볼 수 있는 소바 전문점. 메이지 시대의 화백 가와무라 만슈(川村曼舟)의 화실이었던 저택을 개조하여 음식점으로 사용하고 있다. 저택 내에는 각각 소바, 기모노 잡화, 두부를 판매하는 전문점이 있으며 대문 초입에 있는 건물이 흔히 알려진 소바집 요시무라다. 총 2층 건물로, 아라시야마의 아름다운 풍광이 펼쳐지는 2층 창가 좌석이 인기가 높다. 추천 메뉴는 메밀면, 유바 메밀면, 튀김덮밥으로 구성된 도게쓰젠(渡月膳).

지도 P.156하단 -A **주소** 右京区嵯峨天龍寺芒ノ馬場町3 **전화** 075-863-5700 **홈페이지** yoshimura-gr.com/arashiyama **운영** 비수기 11:00~17:00, 성수기 10:30~18:00, 연중무휴 **가는 방법** 게이후쿠(京福) 전철 아라시야마(嵐山)역 출구에서 도보 3분 **발음** 아라시야마요시무라

사가도후 이네 嵯峨とうふ稲

사가두부(嵯峨豆腐), 사쿠라모찌(さくら餅), 구로모토 전병(黒本蕨餅) 등 교토의 전통 음식을 전문으로 하는 음식점. 두부와 함께 내세우는 대표 메뉴는 우리말로 두부껍질이라고 부르는 유바(湯葉)다. 이는 두유를 가열할 때 표면에 생기는 얇은 막을 말하는데, 미끌미끌한 식감과 고소한 맛이 특징이다. 두부와 유바를 메인으로 일본식 달걀찜인 자완무시(茶碗蒸し), 삶은 유부, 교토채소로 만든 채소 절임 등을 맛볼 수 있는 세트 메뉴는 교토음식의 진수를 보여준다. 아라시야마의 풍경이 보이는 2층 창가 자리가 마련되어 있다.

지도 P.156하단 -A **주소** 右京区嵯峨天龍寺造路町19 **전화** 075-882-5808 **홈페이지** kyo-ine.com **운영** 11:00~21:00, 연중무휴 **가는 방법** 게이후쿠(京福) 전철 아라시야마(嵐山) 역 출구에서 도보 1분 **발음** 사가토후이네

무스비 카페 musubi cafe

몸과 마음의 건강을 생각한 정갈한 정식을 맛볼 수 있는 카페. 아라시야마를 오르는 등산객이나 러닝, 조깅을 즐기는 이들에게 정보를 제공하는 곳이며 휴식공간이기도 하다. 매일 메인메뉴가 바뀌는 정식 메뉴는 몸에 좋은 식재료만을 사용하며 아침, 점심, 저녁에 따라 삼각김밥, 카레, 스파게티 등 메뉴가 달라진다. 식물성 재료로 만든 케이크와 교토에서 수확한 채소로 만든 주스도 준비되어 있다.

지도 P.156하단 -B **주소** 西京区嵐山西一川町1-8 **전화** 075-862-4195 **홈페이지** www.musubi-cafe.jp **운영** 10:30~18:00(마지막 주문 17:00), 화요일 휴무(공휴일은 영업) **가는 방법** 한큐(阪急) 전철 아라시야마(嵐山) 선 아라시야마(嵐山) 역 1번 출구에서 도보 3분 **발음** 무수비카훼

eX 카페 eX cafe

고풍스러운 일본식 저택을 개조한 카페로 120평의
일본 정원이 훤히 보이는 개인 소파석과 좌식 테이블
이 놓인 다다미방으로 되어 있다. 일본식 빙수인 가
키고리(かき氷), 말차 파르페, 말차 두유라테 등 일본
전통 디저트를 맛볼 수 있다. 아라시야마의 대표 사
찰인 덴류지의 이름을 딴 덴류지파르페(天龍寺パフ
ェ)는 진한 말차 아이스크림의 풍미와 쫄깃한 일본식
경단 시라타마(白玉)의 식감이 잘 어우러져 부드럽게
넘어간다. 대나무 숯을 넣어 겉이 검은 롤케이크 구
로마루(くろまる)도 인기가 높다.

지도 P.156하단 -A ▶ 주소 右京区嵯峨天龍寺造路町35-3 전화
075-882-6366 운영 10:00~18:00 가는 방법 게이후쿠(京福)
전철 아라시야마(嵐山) 역 출구에서 도보 1분 발음 익쿠스카페

사가노유 嵯峨野湯

다이쇼(大正) 시대에 목욕탕이었던 건물의 형태는 그
대로 두고 분위기만 바꾼 재미있는 콘셉트의 카페.
내부 인테리어는 깔끔하고 모던한 분위기를 자아내
지만 곳곳에 목욕탕이었던 것을 느낄 수 있는 타일
벽면, 거울, 수도꼭지가 있어 신선하다. 음료와 디저
트를 주로 판매하지만 점심 시간에는 파스타, 카레 등의 식사 메뉴도 갖추고
있다. 2층에도 자리가 마련되어 있다.

지도 P.156하단 -B ▶ 주소 右京区嵯峨天龍寺今堀町4-3 전화 075-882-8985 홈페이지 sagano-yu.com 운영
11:00~18:00 가는 방법 JR전철 산인본(山陰本) 선 사가아라시야마(嵯峨嵐山) 역 출구에서 도보 2분 발음 사가노유

% 아라비카 교토 아라시야마
%アラビカ京都嵐山

세계 120여 개국을 돌아다닌 후 커피 전문 무역상사
를 차린 주인장이 홍콩에 이어 두 번째로 오픈한 카
페. 도게쓰교(渡月橋)가 보이는 가쓰라(桂川) 강변
이 정면에 보이는 자리에 위치하여 분위기는 말할 필
요 없이 훌륭하다. 세계에서도 통하는 커피 브랜드를
만들고 싶다는 당찬 포부를 가진 만큼 커피 맛 또한 좋다. 최고의 커피를 제공하
고자 하와이의 유명 커피 산지 코나 지방에 커피농장을 운영하며 명품 커피 머신
슬레이어(Slayer)를 사용한다.

지도 P.156하단 -A ▶ 주소 右京区嵯峨天龍寺芒ノ馬場町3-47 전화 075-748-0057 홈페이지 arabica.
coffee 운영 9:00~18:00 가는 방법 게이후쿠(京福) 전철 아라시야마(嵐山) 역 출구에서 도보 4분 발음 아라비카쿄오토
아라시야마

✚Plus 여름에 즐겨요, 일본식 빙수 가키고리

가키고리(かき氷)는 잘게 갈리거나 부순 얼음 위에 달콤한 과일 맛의 시럽과 연유를 뿌린 일본식 빙수를 말한다. 입에 넣는 순간 사르르 녹는 얼음이 저절로 목을 타고 내려가 뱃속까지 시원해지는 여름철 인기 디저트로 무더운 여름날의 교토를 이겨낼 좋은 방법이 된다.

다스키 お茶と酒たすき

'기존의 있는 것을 소중히 여기고 새로운 가치를 창조한다'는 콘셉트로, 교토의 제철 식재료를 사용하여 만든 일본식 빙수를 메인으로 한 카페. 딸기, 무화과, 말차, 초콜릿, 포도 등 누구나 즐길 수 있는 재료들로 만들어져 부담 없이 맛볼 수 있다. 계절마다 메뉴가 바뀌어 매번 색다른 맛을 즐길 수 있다는 점도 좋다. 교토에서 만들어진 녹차와 크래프트 맥주도 선보이고 있어 메뉴의 선택지도 넓은 편이며, 새로운 상업시설 신푸칸(新風館) 내에 자리하고 있는 점도 장점으로 꼽힌다.

지도 P.152-A1 ▶ 주소 中京区場之町586-2 전화 075-744-1139 홈페이지 tasuki.pass-the-baton.com/store/shinpukan 운영 11:00~21:00(마지막 주문 20:00), 연중무휴 가는 방법 지하철 가라스마(烏丸) 선 가라스마오이케(烏丸御池) 역 남쪽 출구에서 바로 연결 발음 타스키

사료 와카나 茶寮和香菜

연못에서 물을 퍼낼 때 떠오른 네 개의 거품을 보고 고안한 일본식 경단 '미타라시당고(みたらし団子)'와 일본 국산 소고기로 만든 덮밥을 선보이는 음식점이 6~9월 여름 기간 한정으로 선보이는 것이 바로 일본식 빙수다. 말차, 호지차, 민트초코가 대표적인 맛으로, 빙수 위에 불로 구워 바삭한 식감이 느껴지는 생크림이 얹어져 있어 고소함도 느낄 수 있다. 워낙 인기가 높은 곳이라 일정이 확정되었다면 구글맵을 통해 예약을 하고 방문하는 것이 좋다.

지도 P.153-D1 ▶ 주소 京都市東山区下河原町476-2 전화 075-551-0064 홈페이지 www.instagram.com/wakana.dango 운영 11:00~18:00 가는 방법 202·206·207번 버스 히가시야마야스이(東山安井) 정류장에서 도보 2분 발음 사료오카나

SHOPPING
교토의 쇼핑

가와라마치 상점가 河原町商店街

교토 번화가의 중심부인 산조(三条)와 시조 (四条) 사이 가와라마치 거리에 위치한 상점가로 평일, 주말 할 것 없이 현지인과 관광객으로 문전성시를 이루는 교토 최대의 쇼핑 명소다. 1926년 노면전차가 개통하여 교통 인프라가 정비되면서 상점이 하나둘 생겨나기 시작했고 교토를 대표하는 상점가로 발전하였다. 건물마다 설치된 차양 처마가 길게 이어진 아케이드 형태의 인도를 형성하고 있어 비가 내려도 우산 없이 통행할 수 있다. 상점가 곳곳에는 옛날 과자, 전통 디저트, 전통 의상, 패션 잡화 등 일본 고유의 맛과 멋을 판매하는 가게가 들어서 있어 교토만의 옛 정취가 고스란히 느껴진다. 가와라마치역 부근에는 굵직한 대형 상업 시설도 자리 잡고 있다. 다이마루(大丸)와 다카시마야(高島屋) 등 유명 백화점을 비롯해 패션 브랜드 약 100여 점포가 입점한 교토 젊은이의 쇼핑 메카 가와라마치 OPA(河原町オーパ), 유니클로와 자매 브랜드인 지유(GU)가 입점한 미나 교토(ミ

ーナ京都), 핫한 패션 브랜드를 한데 모은 교토 BAL(京都バル) 등 다른 대도시에 뒤지지 않는 시설들로 가득하다. 돈키호테(ドン・キホーテ), 무지(MUJI) 등 한국인 여행자가 선호하는 쇼핑 명소도 이곳에서 만날 수 있다.

지도 P.152-B1 ▶ **주소** 京都市中京区河原町通三条~四条間 **홈페이지** www.kyoto-kawaramachi.or.jp **가는 방법** 한큐(阪急) 전철 교토본(京都本) 선 가와라마치 (河原町) 역 3번 출구에서 바로 **발음** 가와라마치쇼오텐가이

데라마치쿄고쿠 상점가 寺町京極商店街

산조(三条)와 시조(四条) 사이를 잇는 데라마치 거리에
위치한 아케이드형 상점가로 의류, 잡화 매장과 음식점
을 중심으로 약 180여 개의 점포가 들어서 있다. 1590년
도요토미 히데요시(豊臣秀吉)의 도시 계획으로 교토 각지에 퍼져 있던 절이 한데 모이면서 데라마치
(寺町, 절 동네)라는 이름이 붙여졌다. 종이, 염주, 서적, 붓, 약 등 절과 관련된 물품을 파는 상인과 전
통 악기인 샤미센(三味線) 등을 만드는 장인이 이 부근에 모여 살기 시작하면서 자연스럽게 상점가가
형성되었다. 현재까지 자리를 지키고 있는 오래된 가게 대부분이 그 시기에 문을 열었다. 이 외에도
일본 국내 패션 브랜드 숍과 드러그 스토어, 생활 잡화점, 기념품점 등이 모여 있다. 산조와 시조 각
입구 바닥에는 상점가의 상징인 나침반이 그려져 있으며 이탈리아어로 나침반을 뜻하는 단어인 '콤
파소(Compasso)'에서 따와 이곳을 콤파소 데라마치(コンパッソ寺町)라 부르기도 한다.

지도 P.152-B1 ▶ 주소 京都市中京区寺町通三条~四条間 홈페이지 www.kyoto-teramachi.or.jp 가는 방법 한큐
(阪急) 전철 교토본(京都本) 선 가와라마치(河原町) 역 9번 출구에서 도보 1분 발음 테라마치오고쿠쇼텐가이

신쿄고쿠 상점가 新京極商店街

현지 중·고등학생의 수학여행 코스에 꼭 빠지지 않는 쇼
핑 명소로 관광객을 위한 기념품 가게가 즐비하다. 젊은
세대를 타깃으로 한 의류매장, 오락실, 음식점 또한 다수
들어서 있는 아케이드형 상점가다. 데라마치(寺町)의 절
과 데라마치쿄고쿠 상점가(寺町京極商店街)를 방문하는
사람이 늘어나면서 바로 옆에 새로운 거리를 만든 것이
시초. 일본의 3대 영화 제작사 중 하나인 쇼치쿠(松竹)
가 운영했던 교토쇼치쿠자(京都松竹座, 현 MOVIX교토)
를 비롯하여 1970년대까지 10여 개가 넘는 극장과 영화
관이 이 거리를 가득 메우고 있었지만 현재는 단 한 곳만
남아있다. 1989년에는 상점가 귀퉁이에 록쿤플라자(ろ
っくんプラザ)라는 애칭의 공원을 조성하였다. 공원은

방문객들이 쉼터로 이용하고 있으며 라이브 콘서트 등의 이벤트가 열리기도 한다.

지도 P.152-B1 ▶ 주소 京都市中京区新京極通三条~四条間 홈페이지 www.shinkyogoku.or.jp 가는 방법 한큐(阪
急) 전철 교토본(京都本) 선 가와라마치(河原町) 역 9번 출구에서 도보 1분 발음 신쿄고쿠쇼텐가이

다이마루 大丸

300년 이상의 역사를 자랑하는 교토의 대표 노포 백화점 브랜드. 1717년 후시미(伏見)의 자그마한 기모노 전문점 다이몬지야(大文字屋)로 출발하였으나 오사카, 나고야, 도쿄로 점점 영역을 확장하며 기반을 다졌고, 1912년 지금의 자리로 옮겨 백화점 형태로 발전시켰다. 꼼데가르송, 메종마르지엘라, 보테가베네타, 생로랑, 몽클레르, 발렌시아가 등 현재 한국인 여행자가 선호하는 인기 브랜드가 2층 매장에 대거 포진해 있어 고급 브랜드를 쇼핑할 예정이라면 편리하다. 1층 서비스 카운터와 7층 면세 카운터에 여권을 제시하면 5% 할인 쿠폰을 받을 수 있다.

지도 P.152-A1 ▶ **주소** 京都市下京区四条通高倉西入立売西町79 **전화** 075-211-8111 **홈페이지** www.daimaru.co.jp/kyoto **운영** 지하2층~2층 10:00~20:00, 3~7층 10:00~19:00, 1/1 휴무 **가는 방법** 한큐(阪急) 전철 교토(京都)선 가라스마(烏丸) 역에서 도보 1분 **발음** 다이마루

교토 다카시마야 京都高島屋

다이마루와 함께 교토에서 시작하여 대형 백화점으로 성장한 백화점 브랜드. 1831년 포목점으로 문을 열어 오사카 신사이바시에 백화점을 개업하면서 지금의 형태가 되었다. 루이비통, 샤넬, 구찌 등 굵직한 명품 브랜드의 부티크가 입점해 있어 쇼핑을 즐기기 좋다. 지하 1층 음식 코너에는 교토에서만 맛볼 수 있는 명과와 향토음식을 판매하고 있다. 7층 면세 카운터에 여권을 제시하면 5% 할인 쿠폰을 받을 수 있다.

지도 P.152-B1 ▶ **주소** 京都市下京区四条通河原町西入真町52 **전화** 075-221-8811 **홈페이지** www.takashimaya.co.jp/kyoto **운영** 10:00~20:00(7층 11:00~21:30), 부정기 휴무 **가는 방법** 한큐(阪急) 전철 교토(京都)선 교토가와라마치(京都河原町) 역 지하에서 바로 연결 **발음** 쿄오토타카시마야

후지이 다이마루 藤井大丸

1870년 기모노 전문점으로 출발해 150년 이상의 역사를 가진 백화점. 세련된 라이프스타일 콘셉트를 바탕으로 인기 셀렉트숍 '유나이티드 애로즈'를 비롯해 메종키츠네, 비비안웨스트우드, 스노피크, MHL 등 비교적 젊

은 연령층을 겨냥한 브랜드가 다수 입점해 있다. 5층에는 한국인 여행자의 필수 코스인 인테리어 소품 전문점 프랑프랑(Francfranc)도 있으니 들러 보자. 1층 인포메이션에서 면세를 진행한다.

지도 P.152-B1 ▶ **주소** 京都市下京区寺町通四条下ル貞安前之町605 **전화** 075-221-8181 **홈페이지** www.fujiidaimaru.co.jp **운영** 10:30~20:00 **가는 방법** 한큐(阪急) 전철 교토(京都)선 교토가와라마치(京都河原町) 역 10번 출구에서 도보 2분 **발음** 후지이다이마루

교토 가와라마치 가든 京都河原町ガーデン

2021년 5월에 새롭게 문을 연 상업시설. 지하 1층
부터 지상 6층까지 전체를 가전 양판점인 에디온
(EDION)이 차지하고 있다. 각층마다 다루고 있는 카
테고리가 명확하게 나뉘어 있는데, 여행자라면 게임
기(지하 1층), 시계(1층), 카메라(2층), 오디오(3층)
등이 볼 만하다. 7층과 8층은 까다롭게 엄선한 음식
점이 들어서 있어 쇼핑을 즐기다가 들르기에 좋다.

지도 P.152-B1 **주소** 京都市下京区四条通河原町東入真町68 **전화** 075-213-6021 **홈페이지** www.kyoto-
awaramachigarden.com **운영** 숍 10:00~20:00, 푸드홀 11:00~23:00 **가는 방법** 한큐(阪急) 전철 교토(京都) 선
교토가와라마치(京都河原町) 역 2번 출구에서 바로 연결 **발음** 코오토가와라마치가아덴

신푸칸 新風館

교토가 등록문화재로 지정한 구 교토 중앙전화국 건물을 리
모델링하여 2020년에 리뉴얼 오픈한 상업시설. 아시아에
첫 지점을 낸 고급 숙박시설 '에이스 호텔'과 미국 포틀랜드
의 유명 커피숍인 '스텀프타운' 외에도 유명 독립영화관 '업
링크', 일본의 대표 문구 브랜드가 선보이는 여행 관련 잡화
점 '트래블러스 팩토리', 일상 속의 비일상을 콘셉트로 한 셀
렉트숍 '1LDK' 등 도쿄에만 만날 수 있던 곳을 한자리에 모
아 놓았다. 건물 중앙과 옥상에 자연 풍경을 보며 쉴 수 있도
록 정원을 마련해 두어 휴식 공간으로도 활용할 수 있다.

지도 P.152-A1 **주소** 京都市中京区烏丸姉小路下ル場之町586-2 **전화** 075-585-6611 **홈페이지** shinpuhkan.
ｐ **운영** 숍 11:00~20:00, 음식점 08:00~24:00 **가는 방법** 지하철 가라스마(烏丸) 선 가라스마오이케(烏丸御池) 역 남
측 출구에서 바로 연결 **발음** 신푸우칸

교토BAL 京都バル

1970년부터 교토를 지켜온 쇼핑 명소. 지하 2층, 지
상 6층 건물에는 캐나다구스, 마르니, 폴로 랄프로
렌, 론 허먼 등 패션 브랜드 매장과 투데이즈 스페셜
(TODAY'S SPECIAL) 등의 일본 유명 생활용품 브랜
드, 딥티크, 바이레도, 닐스야드 레미디스 등의 뷰티
브랜드도 만나볼 수 있다. 일본의 대형서점 브랜드
마루젠(丸善)과 랄프로렌과 론 허먼 등 패션 브랜드
가 운영하는 세련된 분위기의 카페도 입점해 있다.

지도 P.152-B1 **주소** 京都市中京区河原町三条下ル山崎町251 **전화** 075-223-0501 **홈페이지** www.bal-bldg.
com/kyoto **운영** 11:00~20:00 **가는 방법** 한큐(阪急) 전철 교토(京都) 선 교토가와라마치(京都河原町) 역 3번 출구에
서 도보 7분 **발음** 코오토바루

디앤디파트먼트 교토 D&Department Kyoto

유행에 좌우되지 않고 오랜 기간 지속되는 보편적인 생활
디자인을 표방하는 편집 매장이다. 교토 시내 중심가에 자
리한 사찰인 붓코지(佛光寺) 내에 위치한다. 오랜 전통을 자
랑하는 교토 공예품과 벼룩시장에서 사들인 골동품, 교토
지역 기업체의 생활용품 등 콘셉트에 걸맞은 아이템을 만나
볼 수 있다. 매장 내에 지역 커뮤니티와 연계한 갤러리를 조
성하여 소통하며 함께 만들어가는 열린 공간을 지향한다.
카페도 겸하고 있어 간단한 식사와 음료를 즐길 수 있다.

지도 P.152-A1 **주소** 京都府京都市下京区高倉通仏光寺下ル新開町397 本山佛光寺内 **전화** 075-343-3217 **홈페이지** www.d-department.com **운영** 11:00〜18:00, 화·수요일 휴무 **가는 방법** 지하철 가라스마(烏丸) 선 시조(四条)
역 또는 한큐(阪急) 교토(京都) 선 가라스마(烏丸) 역 5번 출구에서 도보 5분 **발음** 디안도데파아토멘토쿄오토

다이소 DAISO

한국인에게도 친숙한 저가형 균일가 숍의 대표 격. 실용적이
고 쓰임새가 좋은 상품이 모여 있으며, 깜찍한 모양의 문구
류부터 유명 캐릭터와의 협업으로 탄생한 귀여운 캐릭터 상
품까지 일본 한정 다양한 디자인을 판매하고 있다. 1층은 다
이소가 새롭게 시작한 300엔 균일가 생활잡화 브랜드인 스
탠더드 프로덕츠(Standard Products)가 자리하는데, 주방
용품, 세제, 손수건 등 생활에서 자주 쓰이는 물건은 일본 각
지의 우수한 업체와 협업하여 특별히 제작된 상품을 선보인
다. 다이소는 2층에 매장을 운영하고 있다.

지도 P.152-A1 **주소** 京都市下京区四条通柳馬場東入ル立売東町12-1 **전화** 070-8714-2972 **홈페이지** www.daiso-sangyo.co.jp **운영** 09:30〜21:00 **가는 방법** 한큐(阪急) 전철 교토(京都) 선 교토가와라마치(京都河原町) 역
13번 출구에서 도보 1분 **발음** 다이소

미나 교토 ミーナ京都

가격 이상의 행복과 즐거움을 지향하는 상업시설. 한국인
이 좋아하는 일본의 의류 브랜드 유니클로는 지하 1층부터
3층까지 전부 사용해 교토 최대 규모를 자랑한다. 1층 일부
공간은 뉴욕 현대미술관의 아트숍인 모마 디자인 스토어
(MoMA Design Store)가, 4층부터 6층까지는 살림잡화를 콘
셉트로 한 생활용품 전문점 로프트(ロフト)가, 7층은 유니
클로의 자매 브랜드인 지유(GU)가 들어서 있다.

지도 P.152-A1 **주소** 京都市中京区河原町通三条下ル大黒町58 **전화** 075-222-8470 **홈페이지** www.mina-kyoto.com **운영** 11:00~21:00(카페 11:00~23:00) **가는 방법** 지하철 도자이(東西) 선 교토시야쿠쇼마에(京都市役所前) 역 3번 출구에서 도보 5분 **발음** 미이나쿄오토

가란코론교토 カランコロン京都

'고전적이면서 새로운, 새로우면서 교토다움'을 콘셉트로
한 교토의 패션잡화 브랜드. 다른 가게에서는 볼 수 없는 이
곳만의 오리지널 상품이 아기자기한 아이템을 사랑하는 모
든 이들을 반긴다. 교토 특유의 분위기가 물씬 풍기는 가게
안에는 꽃, 격자, 물방울 등 일본 특유의 무늬와 교토타워,
야사카탑 등 교토의 명소가 디자인된 독특하고 깜찍한 아이템이 깔끔하게 진열되어 있다. 동전 지갑,
부채, 손수건, 액세서리 등 실생활에서 자주 애용할 수 있는 패션잡화를 다루고 있으며 계절마다 새
로운 상품을 선보인다.

지도 P.152-A1 ▷ **주소** 京都市東山区清水寺門前産寧坂北入清水3丁目342-2 **전화** 075-561-8985 **홈페이지** kyoto-souvenir.co.jp/brand/kc.php **운영** 10:30~18:30 **가는 방법** 산네이자카(産寧坂) 내 위치 **발음** 카랑코론교토

시치미야혼포 七味屋本舗

고춧가루를 비롯한 참깨, 흑깨, 산초, 김, 자소, 삼씨 등 총
7가지 재료를 혼합한 일본 전통 향신료 시치미토가라시
(七味唐がらし) 전문점으로 350년 전통을 자랑한다. 기
요미즈데라(清水寺)로 향하는 길 문턱에 위치한 좁다
란 가게는 명성 답게 항상 수많은 관광객으로 북적거린
다. 향신료가 담긴 도자기 용기의 종류만 해도 수십 가지에 달해 취향에 따라 고르는 재미가 있다. 고
춧가루만으로 만든 향신료 이치미토가라시(一味唐辛子)와 한국인에게는 다소 생소하지만 이 지역
사람에게 특히 사랑받는 향신료 산초(山椒) 또한 이곳의 인기 상품이다.

지도 P.153-D2 ▷ **주소** 京都市東山区清水2-221 **전화** 0120-540-738 **홈페이지** www.shichimiya.co.jp **운영** 9:00~18:00, 연중무휴 **가는 방법** 100·202·206·207번 버스 기요미즈미치(清水道) 정류장에서 도보 5분 **발음** 시치미야혼포

요지야 よーじや

1904년 창업한 미용제품 전문점. 창업 당시 이곳의 주력 상
품이었던 칫솔 요지(楊枝)로 인해 많은 사람에게 요지야상
(楊枝屋さん)이라 불리면서 가게 이름으로 정착하였다. 이
곳의 대표 상품인 기름종이(あぶらとり紙)를 비롯하여 손
거울, 빗, 손수건, 화장품 등 여심을 겨냥한 300여 점의 제
품이 손님을 기다리고 있다. 대부분 검은색, 흰색, 붉은색을
중심으로 디자인되어 있는데 특히 이곳을 상징하는 색인 빨
강을 기조로 한 상품이 많다. 오리지널 기초 화장품을 제조,
판매하고 있으며 그중 천연 보습 성분이 함유된 마유고모리
(まゆごもり) 시리즈가 인기 높다.

지도 P.153-D2 ▷ **주소** 京都市東山区祇園町北側270-11 **전화** 075-541-0177 **홈페이지** www.yojiya.co.jp **운영** 11:00~19:00 **가는 방법** 게이한(京阪) 전철 기온시조(祇園四条) 역 7번 출구에서 도보 3분 **발음** 요오지야

산리오 갤러리 교토 Sanrio Gallery Kyoto

헬로키티, 시나몬롤, 포차코, 폼폼푸린, 쿠로미 등 현재 한국
에서 폭발적인 인기를 누리고 있는 산리오의 캐릭터 상품을
총망라한 전문점. 보기만 해도 기분 좋아지는 귀여운 캐릭터
인형은 물론이고 의류, 패션잡화, 문구류, 주방용품, 화장품
등 다채로운 카테고리의 상품을 판매하고 있다. 현금 외에도
간편결제, 신용카드 결제가 가능하며, 세금 제외 5,000엔
이상 구매 시 여권을 제시하면 면세 혜택도 받을 수 있다.

지도 P.152-B1 주소 京都市下京区四条通寺町東入御旅宮本町28
전화 075-229-6955 홈페이지 stores.sanrio.co.jp 운영 11:00~20:00 가
는 방법 한큐(阪急) 전철 교토(京都) 선 교토가와라마치(京都河原町) 역
6번 출구에서 도보 1분 발음 산리오가라리이

키디랜드 Kiddy Land

일본과 한국 젊은 세대에게 큰 인기를 누리고 있는 캐릭터 치
이카와(ちいかわ)를 비롯해 리락쿠마, 미피, 스누피 등 유명
캐릭터의 공식 상품을 갖추고 있는 캐릭터 전문점. 1층부터 3
층까지 각 캐릭터마다 공간을 마련해 다양한 종류의 상품을
만나볼 수 있다. 워낙 많은 캐릭터를 소개하고 있어 구경만으
로 시간이 걸릴 것. 계산은 각층에서 진행하니 참고하자.

지도 P.152-B1 주소 京都市中京区河原町通蛸薬師下ル塩屋
町344 전화 075-241-3375 홈페이지 www.kiddyland.co.jp 운영
11:00~20:00, 1/1 휴무 가는 방법 한큐(阪急) 전철 교토(京都) 선 교토가
와라마치(京都河原町) 역 3B 출구에서 도보 2분 발음 키디이란도

포켓몬센터 교토 ポケモンセンターキョウト

한국인에게 뜨거운 사랑을 받고 있는 게임 시리
즈이자 애니메이션 캐릭터 '포켓몬스터'의 공식
스토어. 포켓몬의 각종 인기 캐릭터를 전부 만나
볼 수 있다. 백화점 건물이 아닌 교토 경제 센터 2
층에 위치하므로 건물 1층 에스컬레이터를 타고
올라와 테라스 방향으로 돌아가면 입구를 찾을
수 있다. 워낙 많은 인파로 인해 입장까지 줄을 서
는 경우가 있다. 교토 한정 상품도 판매 중이다.

지도 P.152-A1 주소 京都市下京区四条通室町東入函谷鉾町78 京都経済センター SUINA
室町2F 전화 075-353-0250 홈페이지 www.pokemon.co.jp/shop/pokecen/kyoto 운영 10:00~20:00, 연
중무휴 가는 방법 지하철 가라스마(烏丸) 선 시조(四条) 역 또는 한큐(阪急) 교토(京都) 선 가라스마(烏丸) 역
26번 출구에서 바로 연결 발음 포켓몬센타아쿄오토

디즈니 스토어 ディズニーストア

디즈니 애니메이션의 캐릭터 상품을 전문으로
한 매장. 공원을 콘셉트로 한 매장 인테리어 내
부는 잘 살펴보면 니조조, 도게쓰교, 기온 등 교
토의 유명 관광명소와 풍경으로 꾸며져 있다.
세금 제외 5,000엔 이상 구매 시 여권을 제시하
면 면세 혜택도 받을 수 있다.

지도 P.152-B1 주소 京都市下京区四条通河原町
コトクロス阪急河原町 전화 075-221-3932 홈페이
지 www.disney.co.jp/store/storeinfo/258 운영
11:00~20:00 가는 방법 한큐(阪急) 전철 교토(京都) 선
교토가와라마치(京都河原町) 역 3A 출구에서 바로 앞
발음 디즈니스토아

JR교토이세탄백화점 ジェイアール京都伊勢丹

1997년 JR전철 교토역 개축이 완공되면서 증설 부지에 새
롭게 개장한 간사이(関西) 지역 첫 이세탄 백화점이다. 둘러
보기 쉽고 쇼핑하기 편한 공간을 지향하며, 명품 브랜드를
시작으로 다양한 사이즈가 구비된 패션 브랜드, 교토 전통

문화 등 폭넓은 상품 구성을 자랑한다. 2층 면세 카운터에서 여권을 제시하면 5% 할인 혜택이 주어
지는 게스트 카드를 증정하며, 면세 수속을 실시한다. 참고로 7~10층에 위치한 6곳의 오픈 뷰 레스
토랑은 교토의 시원시원한 전경을 감상하며 식사를 즐길 수 있어 관광객에게 특히 인기다.

지도 P.150하단-A 주소 京都市下京区烏丸通塩小路下ル東塩小路町 전화 075-352-1111 홈페이지 kyoto.wjr-
isetan.co.jp 운영 숍 10:00~20:00, 식당가 11:00~22:00 가는 방법 JR교토역 중앙 개찰구로 나오면 왼편에 위치 발
음 제이아루쿄오토이세탄

교토 포르타 京都ポルタ

1980년에 탄생한 교토 첫 지하상가로 교토 전통 잡화와 식
료품이 특화된 서동쪽 구역과 패션, 화장품, 잡화 브랜드 매
장으로 구성된 남쪽 구역으로 나뉘어 총 240여 개의 점포가
입점해 있다. 이곳의 가장 큰 매력 포인트는 교토다움이 물
씬 풍기는 동쪽 구역으로 전통인형, 패션잡화, 반찬, 식재료
등 교토를 대표하는 지역 브랜드가 자리한다. 방문객을 위한

다양한 이벤트와 무료 와이파이를 제공한다. 면세 수속을 실시
하는 브랜드 매장이 있으니 홈페이지를 참고한 다음 해당 매장에서 계산 시 여권을 제시하면 된다.

지도 P.150하단-B 주소 京都市下京区烏丸通塩小路下る東塩小路町902 전화 075-365-7528 홈페이지 www.
porta.co.jp 운영 10:00~20:00(매장마다 다름) 가는 방법 JR교토역 중앙 출구로 나오면 정면으로 보이는 지하상가
출구 위치 발음 코오토포르타

ACCOMODATION
교토의 숙소

고급 호텔

에이스 호텔 교토 Ace Hotel Kyoto

시애틀, LA, 런던 등 전 세계에 지점을 내었던 부티크 호텔 체인이 아시아 진출 1호점으로 교토를 선택했다. 기존 부티크 호텔과는 전혀 다른 콘셉트의 호텔로 아메리칸 원색의 화려함보다는 모노톤의 간결함을 베이스로 한 아메리칸 빈티지 스타일의 인테리어가 참신하다. 특히 교토에 위치하는 만큼 동양과 서양의 미학에 중점을 둔 디자인을 채택했다.

지도 P.154-A2 ▶ 주소 京都市中京区車屋町245-2 전화 075-229-9000 홈페이지 jp.acehotel.com/kyoto 체크인 15:00 체크아웃 12:00 요금 ￥40,000~ 가는 방법 지하철 가라스마(烏丸) 선 가라스마오이케(烏丸御池)역 남쪽 출구에서 바로 연결 발음 에에스호테루쿄오토

파크 하얏트 교토
パークハイアット京都

교토의 계절 변화를 온몸으로 느끼며 자연의 아름다움을 만끽할 수 있는 하얏트 계열의 고급 호텔. 교토 전통 건축물 보존지구 내에 자리해 숙박하는 것만으로 역사적인 고도를 체험할 수 있다. 교토의 역사와 전통문화를 즐길 수 있는 투어 등 숙박객을 위한 다채로운 프로그램을 준비한 점도 인상적이다.

지도 P.153-D2 ▶ 주소 京都市東山区高台寺桝屋町 360 전화 075-531-1234 홈페이지 www.hyatt.com/ja-JP/hotel/japan/park-hyatt-kyoto/itmph 체크인 15:00~24:00 체크아웃 12:00 요금 ￥150,000~ 가는 방법 202·206·207번 버스 히가시야마야스이(東山安井) 정류장에서 도보 6분 발음 파아크하이앗토쿄오토

호시노야 교토 星のや京都

일본의 유명 고급 호텔 체인인 호시노야가 야심차게 선보이는 숙박시설. 여행자의 필수 코스이자 교토 경관 보호 구역으로 지정되어 신비로운 아름다움을 간직한 아라시야마 중심가에 자리한다. 고요하고 맑은 분위기를 자아내는 어느 별장에 온 듯한 콘셉트로 호텔을 꾸몄으며, 전통미를 살리면서 모던한 인테리어가 특징이다.

지도 P.156하단-A ▶ 주소 京都市西京区嵐山元録山町11-2 전화 050-3134-8091 홈페이지 hoshinoya.com/kyoto 체크인 15:00~24:00 체크아웃 12:00 요금 ￥40,000~ 가는 방법 62·72·83번 버스 아라시야마코엔(嵐山公園) 정류장에서 도보 2분 발음 호시노야쿄오토

하얏트 리젠시 교토
ハイアットリージェンシー京都
Hyatt Regency Kyoto

교토 국립 박물관, 산주산겐도 등 교토역 부근 굵직한 관광명소에 인접한 호텔. 컨템포러리 재패니즈를 콘셉트로 하여 일본 전통의 아름다움을 국제적인 감각으로 접목하여 편안한 공간을 추구한다. 침대의 높이를 조금 낮추고 욕실 바닥에 천연 화강암을 사용하는 등 곳곳에서 일본다움이 느껴진다. 호텔 내 스파에서는 일본식 한방 침을 이용한 트리트먼트가 인기다.

지도 P.151-B1 ▶ 주소 京都市東山区三十三間堂廻リ 644-2 전화 075-541-1234 홈페이지 kyoto.regency.hyatt.com 체크인 15:00 체크아웃 12:00 요금 ￥40,000~ 가는 방법 100·206·208번 버스 하쿠부츠칸·산주산겐도마에(博物館·三十三間堂前) 정류장에서 하차하면 바로 위치 발음 하이앗토리젠시이호테루

리츠 칼튼 교토
The Ritz-Carlton Kyoto

가모 강변에 자리한 고급 호텔. 일본 전통과 현대적 감성을 융합한 세련된 인테리어가 특징이다. 달을 감상할 수 있는 일본 정원의 쓰키미

이(月見台)를 발코니에 설치한 스위트룸 '쓰키미', 가모강이 펼쳐지는 '럭셔리' 등의 객실을 선보인다. 일본식 우산 와가사(和傘), 종이접기, 미니어처 일본 정원, 기모노 체험 등의 프로그램도 운영하고 있다.

지도 P.154-B2 **주소** 京都市中京区鉾田町543 **전화** 075-746-5555 **홈페이지** www.ritzcarlton-kyoto.jp **체크인**15:00 **체크아웃** 12:00 **요금** ￥150,000~ **가는 방법** 지하철 도자이(東西) 선 교토시야쿠쇼마에(京都市役所前) 역 2번 출구에서 도보 3분 **발음** 릿츠카아르톤쿄오토

호텔 칸라 교토 ホテルカンラ京都

전문학교였던 건물을 개조한 호텔. 단순히 숙박시설로 인테리어만 바꾼 것이 아니라 단열재, LED 조명을 사용하고 옥상에 태양광 패널을 설치해 전동 자전거 충전용으로 사용하는 등 환경을 생각한 설비를 갖추고 있다. 호텔 내 레스토랑의 수입 일부를 환경과 문화재를 지키는 활동에 쓰는 등 자연을 위한 적극적인 실천을 몸소 보여주고 있다. 내부 인테리어는 일본 특유의 깔끔함이 느껴지며 모든 룸의 욕실에는 나무 욕조가 구비되어 있다.

지도 P.151-B1 **주소** 京都市下京区烏丸通六条下る北町190 **전화** 075-344-3815 **홈페이지** www.hotelkanra.jp **체크인** 15:00 **체크아웃** 11:00 **요금** ￥32,000~ **가는 방법** 지하철 가라스마(烏丸) 선 고조(五条) 역 8번 출구에서 도보 1분 **발음** 호테루칸라쿄오토

호텔 더 셀레스틴 교토 기온 ホテルザセレスティン京都祇園

일본의 전통과 교토의 역사를 현대식으로 해석한 객실 디자인이 눈에 띄는 호텔. 어메니티부터 객실에 구비된 모든 것을 교토와 관련된 것으로 정성스레 가꾸었다. 교토 관광 명소가 밀집한 기온에 위치하여 여행자에게 편리하다. 유명 노포가 준비한 조식이 일품이다.

지도 P.153-C2 **주소** 京都市東山区八坂通東大路西入る小松町572 **전화** 075-532-3111 **홈페이지** www.celestinehotels.jp/kyoto-gion **체크인** 15:00 **체크아웃** 12:00 **요금** ￥30,000~ **가는 방법** 게이한(京阪) 전철 게이한본(京阪本) 선 기온시조(祇園四条) 역 1번 출구에서 도보 10분 **발음** 호테루자세레스틴쿄오토기온

웨스틴 미야코 호텔 교토 ウェスティン都ホテル京都

세계적인 호텔 브랜드 SPG 계열의 고급 호텔. 헤이안진구, 난젠지, 에이칸도, 지온인 등에 인접해 아름다운 자연으로 둘러싸여 있다. 호텔 내에는 교토시 문화재로 지정된 일본 정원 아오이덴(葵殿), 가스이엔(佳水園)과 세계적인 조각가 이노우에 부키치(井上武吉)에 의해 탄생한 '철학의 정원(哲学の庭)'이 있다. 호텔 뒷산 가초잔(華頂山) 일대를 둘러볼 수 있는 산책로도 있어 힐링을 만끽할 수 있다.

지도 P.155-B2 **주소** 京都市東山区粟田口華頂町1 **전화** 075-771-7111 **홈페이지** www.miyakohotels.ne.jp/westinkyoto **체크인** 15:00~24:00 **체크아웃** 12:00 **요금** ￥60,000~ **가는 방법** 지하철 도자이(東西) 선 게아게(蹴上) 역 2번 출구에서 도보 2분 **발음** 웨스틴미야코호테루쿄오토

비즈니스 호텔

호텔 그랑비아 교토 ホテルグランヴィア京都

JR전철, 지하철, 신칸센(新幹線) 교토역 건물에 위치한 호텔. 역 내에 자리한 만큼 접근성은 물론이고 쇼핑, 맛집, 관광 명소를 자유롭게 이용할 수 있다는 편리함도 갖추었다. '몸과 마음 그리고 환경에 좋은 호텔'을 기업 이념으로 삼아 일회용을 자제하고 절수형 변기를 설치하는 등 지구 환경을 생각해 다양한 노력을 하고 있다. 호텔 곳곳에 예술가들의 작품을 전시하여 갤러리에 온 것 같은 느낌도 든다.

지도 P.150하단 -B **주소** 京都市下京区烏丸通塩小路

下ル **전화** 075-344-8888 **홈페이지** www.granvia-kyoto.co.jp **체크인** 15:00~24:00 **체크아웃** 12:00 **요금** ￥25,000~ **가는 방법** JR전철 교토(京都)역 중앙 출구에서 바로 **발음** 호테루그랑비아쿄오토

호텔 닛코 프린세스 교토
ホテル日航プリンセス京都

교토 시내의 중심가 가와라마치(河原町) 부근에 위치한 호텔. 이 근방은 교토에서 가장 번화한 곳으로 쇼핑센터, 맛집 등이 즐비하며 교통편도 편리해 관광 명소로의 이동 또한 용이하다. 일반 수돗물이 아닌 몸에 좋은 부드러운 천연수를 지하수에서 끌어와 사용하므로 샤워를 즐기고 나면 그 차이를 확연히 느낄 수 있다.

지도 P.152-A1 **주소** 京都市下京区烏丸高辻東入高橋町630 **전화** 075-342-2111 **홈페이지** princess-kyoto.co.jp **체크인** 15:00 **체크아웃** 12:00 **요금** ￥25,000~ **가는 방법** 지하철 가라스마(烏丸)선 시조(四条)역 5번 출구에서 도보 3분 **발음** 호테루닛코오프린세스쿄오토

교토 호텔 오쿠라
京都ホテルオークラ

120여 년의 역사를 지닌 호텔로 교토 최고 번화가인 가와라마치 정중앙에 위치한다. 교토역 바로 맞은편에 웰컴 라운지를 마련해 수하물을 맡길 수 있도록 하고(유료), 호텔을 오가는 무료 셔틀버스도 운행한다. 유럽풍을 기초로 하여 일본 전통의 멋을 더한 인테리어가 특징이다.

지도 P.154-B2 **주소** 京都市中京区河原町御池 **전화** 075-211-5111 **홈페이지** www.okura-nikko.com/ja/japan/kyoto/hotel-okura-kyoto **체크인** 15:00 **체크아웃** 11:00 **요금** ￥15,000~ **가는 방법** 지하철 토자이(東西)선 교토시야쿠쇼마에(京都市役所前)역 3번 출구에서 바로 연결 **발음** 쿄오토호테루오오쿠라

교토 브라이튼 호텔
京都ブライトンホテル

전 객실을 리뉴얼하여 보다 쾌적하고 깔끔한 분위기를 느낄 수 있는 호텔. 전 객실에 가습기를

설치하는 등의 세심한 배려가 돋보인다. 호텔에서 가까운 지하철역 가라스마오이케(烏丸御池)역에서 호텔을 오가는 무료 셔틀버스를 아침 8시부터 밤 9시까지 20분 간격으로 운행한다.

지도 P.154-A1 **주소** 京都市上京区新町通中立売 **전화** 075-441-4411 **홈페이지** kyoto.brightonhotels.co.jp **체크인** 15:00~24:00 **체크아웃** 12:00 **요금** ￥17,500~ **가는 방법** 지하철 가라스마(烏丸)선 이마데가와(今出川)역 6번 출구에서 도보 8분 **발음** 쿄오토브라이톤호테루

다이와 로이넷 호텔 교토 시조 가라스마
ダイワロイネットホテル京都四条烏丸

주택 건설 업체인 다이와하우스 그룹 계열의 호텔. 비교적 넓은 공간을 확보해 객실을 꾸렸으며, 프랑스 업체의 고급 침대를 채용해 쾌적한 수면을 할 수 있도록 하였다. 객실 내에서 데스크 업무를 해야 할 상황에 대비해 넓은 테이블과 밝은 조명을 완비한 점도 특징.

지도 P.152-A1 **주소** 京都市下京区烏丸通仏光寺下ル大政所町678 **전화** 075-342-1166 **홈페이지** www.daiwaroynet.jp/ko/kyoto-shijo **체크인** 14:00 **체크아웃** 11:00 **요금** ￥16,500~ **가는 방법** 지하철 가라스마(烏丸)선 시조(四条)역 5번 출구에서 도보 1분 **발음** 다이와로이넷토호테루쿄오토시조오가라스마

도미 인 프리미엄 교토에키마에
ドーミーインPREMIUM京都駅前

한국인 여행자가 선호하는 호텔 계열사. 교토역에서 조금만 걸으면 위치한다. 호텔 내 천연 온천 시설이 들어서 있으며, 사우나도 완비되어 있다. 매일 밤 9시 30분부터 11시 사이에 소바를 무료로 제공하는 서비스도 인기.

지도 P.151-B1 **주소** 京都市下京区東塩小路町558 **전화** 075-371-5489 **홈페이지** www.hotespa.net hotels/kyoto **체크인** 15:00 **체크아웃** 11:00 **요금** ￥18,000~ **가는 방법** JR전철 교토(京都)역 중앙 출구에서 도보 3분 **발음** 도오미이인프레미아무쿄오토에키마에

호텔 타비노스 교토
HOTEL TAVINOS KYOTO

일본의 풍경을 테마로 한 귀여운 일러스트를 전 객실에 배치해 친근감을 주는 호텔. 일본 전통 문화를 좋아하는 외국인 숙박객에게 인기가 높다. 매일 아침 6시 30분부터 10시 사이 간단한 조식을 무료로 제공하며, 3층 라운지에 커피, 홍차, 녹차가 무제한으로 즐길 수 있도록 구비되어 있다.

지도 P.152-B2 ▶ **주소** 京都市下京区河原町通五条上る安土町612 **전화** 075-320-4111 **홈페이지** hoteltavinos.com/kyoto **체크인** 15:00~24:00 **체크아웃** 11:00 **요금** ￥10,000~ **가는 방법** 케이한 京阪 전철 게이한본선(京阪本)선 기요미즈고조(清水五条) 역 3번 출구에서 도보 3분 **발음** 호테루타비노스쿄토

도요코INN 교토 시조가라스마
東横INN京都四条烏丸

한국에도 지점을 운영하고 있는 도요코인 체인의 교토 지점 중 하나로, 가와라마치 중심가에 위치한다. 매일 아침 6시 30분부터 9시 사이에 무료 조식을 제공하며, 로비에는 노트북과 컬러 프린터를 구비해 비즈니스 고객의 니즈도 만족시킨다. 객실이 다소 좁은 점이 아쉽지만 밝은 조명과 깔끔한 분위기가 나름 괜찮다.

지도 P.152-A1 ▶ **주소** 京都市下京区四条通烏丸東入ル長刀鉾町28 **전화** 075-212-1045 **홈페이지** www.toyoko-inn.com/search/detail/00053 **체크인** 16:00~ **체크아웃** 10:00 **요금** ￥10,000~ **가는 방법** 지하철 가라스마(烏丸) 선 시조(四条) 역 20번 출구에서 도보 1분 **발음** 토오요코인쿄토시조오가라스마

호스텔

피스 호스텔 교토
Piece Hostel Kyoto

교토역에 인접한 위치, 일본 디자인 호스텔의 시초인 만큼 모던하고 세련된 인테리어, 넓은 부엌과 조리기구가 있고 조식이 무료인 점 등 장점은 일일이 나열하기 어려울 정도로 많다. 전 세계에서 몰려든 여행자들로 붐비는 라운지에서 친구를 만들어 보는 것도 좋을 것이다.

지도 P.151-B1 ▶ **주소** 京都市南区東九条東山王町21-1 **전화** 075-693-7077 **홈페이지** www.piecehostel.com/kyoto **체크인** 15:00~24:00 **체크아웃** 11:00 **요금** ￥3,000~ **가는 방법** JR전철 교토(京都) 역 하치조(八条) 출구에서 도보 6분 **발음** 피이스호스테루쿄토

렌 교토 가와라마치
Len Kyoto Kawaramachi

게스트하우스, 카페, 바, 레스토랑 등 다양한 얼굴을 가진 호스텔. 외관부터 심상치 않은 기운을 느끼며 안으로 들어서면 호스텔 같지 않은 분위기에 더욱 깜짝 놀랄 것이다. 로비이자 카페이자 라이브 공연장으로 사용되는 공간은 세

련되면서도 매우 멋스럽다.

지도 P.152-B2 ▶ **주소** 京都市下京区河原町通り松原下ル植松町709-3 **전화** 075-361-1177 **홈페이지** backpackersjapan.co.jp/kyotohostel **체크인** 16:00~22:00 **체크아웃** 10:00 **요금** ￥4,000~ **가는 방법** 한큐(阪急) 전철 교토본(京都本) 선 가와라마치(河原町) 역 4번 출구에서 도보 8분 **발음** 렌쿄토

위베이스 교토 **Webase 京都**

도미토리부터 개인실까지 폭넓은 객실 구성으로 인기가 높은 호스텔 체인. 숙박객만 이용 가능한 넓은 라운지에서 비즈니스 업무를 보거나 음식을 먹을 수 있다. 500권 이상의 세계 각지 여행 관련 서적이 구비되어 있어 독서를 즐기기에도 좋다. 24시간 코인 세탁기와 여성 전용 파우더룸이 있어 편리하다.

지도 P.152-A1 ▶ **주소** 京都市下京区岩戸山町436-1 **전화** 075-468-1417 **홈페이지** we-base.jp/kyoto **체크인** 15:00~ **체크아웃** 11:00~ **요금** ￥4,800~ **가는 방법** 지하철 가라스마(烏丸) 선 시조(四条) 역 6번 출구에서 도보 5분 **발음** 위베에스쿄토

교토 여행 준비

여권과 비자

1 여권 발급

여권은 처음으로 발급 받는 경우, 또는 유효기간 만료로 신규 발급 받는 경우로 나눌 수 있다. 여권 신청부터 발급까지는 보통 3일 정도가 소요되며, 유효기간이 6개월 미만 남은 여권의 경우 입국을 불허하는 국가가 있으므로 미리 확인하고 재발급 받아야 한다.

여권 발급 정보

발급 대상
대한민국 국적을 보유하고 있는 국민.
접수처
전국 여권사무 대행기관 및 재외공관.
구비서류
여권발급신청서(외교부 여권 안내 홈페이지에서 다운로드 또는 각 여권 발급 접수처에 비치된 서류 수령 가능), 여권용 사진 1장(6개월 이내에 촬영한 사진. 단, 전자여권이 아닌 경우 2장), 신분증,

병역관계서류(18세 이상 37세 이하 남성의 경우), 국적 확인 서류(국적 상실자로 의심되는 경우).
수수료
단수 여권 2만 원, 복수 여권 5년 4만 2,000원(26면) 또는 4만 5,000원(58면), 복수 여권 10년 5만 원(26면) 또는 5만 3,000원(58면).

2 비자 발급

국가 간 이동을 위해서는 원칙적으로 비자가 필요하다. 비자를 받기 위해서는 상대국 대사관이나 영사관을 방문해 방문 국가가 요청하는 서류 및 사증 수수료를 지불해야 하며 경우에 따라서는 인터뷰도 거쳐야 한다. 다만 국가 간 협정이나 조치에 의해 무비자 입국이 가능한 국가들이 있으니 자세한 국가 정보는 외교부 홈페이지를 통해 확인하자. 일본은 90일 이내 방문 시 무비자 입국이 가능하다.
외교부 홈페이지 www.passport.go.kr/new

증명서 발급

1 국제운전면허증

해외에서 렌터카를 이용하려면 국제운전면허증(www.safedriving.or.kr)을 발급받아야 한다.

Tip 영문 운전면허증 발급받기

2019년 9월부터 발급된 운전면허증 뒷면에는 소지자의 개인 정보와 면허 정보가 영문으로 표기된다. 이에 따라 최소 30개국에서 이 영문 면허증을 그대로 사용할 수 있다. 영문 운전면허증이 인정되는 국가는 도로교통공단 홈페이지를 통해 확인하자. 단, 일본은 해당 없음.
도로교통공단 홈페이지 www.koroad.or.kr

신청 방법은 한국면허증, 여권, 증명사진 1장을 가지고 전국 운전면허시험장이나 가까운 경찰서로 가서 1만~2만 원의 수수료를 내면 된다. 렌터카 이용 시에는 국제운전면허증뿐만 아니라 여권과 한국면허증을 반드시 모두 소지하고 있어야 한다.

2 국제학생증

유적지, 박물관 등에서 다양한 할인 혜택을 받을 수 있다. 발급은 홈페이지를 통해 가능하며 유효 기간과 혜택에 따라 1만 7,000~3만 4,000원의 수수료를 지불하면 된다.
국제학생증 홈페이지 www.isic.co.kr

3 병무/검역 신고

병무 신고

국외여행허가증명서를 제출해야 하는 대상자라면, 사전에 병무청에서 국외여행 허가를 받고 출국 당일 법무부 출입국에 들러 서류를 내야 한다. 출국심사 시 증명서를 소지하지 않으면 출국이 지연, 또는 금지될 수 있다.

[인천공항 법무부 출입국] 전화 032-740-2500~2 운영 06:30~22:00

병무신고 대상자

25세 이상 병역 미필 병역의무자(영주권으로 인한 병역 연기 및 면제자 포함) 또는 현재 공익근무요원 복무자, 공중보건의사, 징병전담의사, 국제협력의사, 공익법무관, 공익수의사, 국제협력요원, 전문연구요원, 산업기능요원 등 대체복무자.

검역 신고

사전에 입국하고자 하는 국가의 검역기관 또는 한국 주재 대사관을 통해 검역 조건을 확인하고, 요구하는 조건을 준비해야 한다. 공항에 도착하면 동물·식물 수출검역실을 방문하여 수출동물 검역증명서를 신청(항공기 출발 3시간 전)하여 발급받는다.

[축산관계자 출국신고센터] 전화 032-740-2660~1 운영 09:00~18:00

필수 구비 서류

광견병 예방접종증명서(생후 90일 미만은 불필요), 건강증명서(출국일 기준 10일 이내 발급).

추가 구비 서류

광견병 항체 결과 증명서, 마이크로칩 이식, 사전수입허가증명서, 부속서류 등이 필요하다.
발급 수수료 1만~3만 원

항공권 예약

항공권 가격은 여행 시기, 운항 스케줄, 항공편(항공사), 좌석 등급, 환승 여부, 수하물 여부, 마일리지 적립률 등에 따라 달라진다. 일단 여행 계획이 세워졌다면 가능한 한 빨리 항공권을 예매해야 저렴한 가격에 구할 수 있다. 스카이스캐너, 네이버항공권, 인터파크 등을 비롯한 온/오프라인 여행사와 소셜 커머스를 활용하면 보다 쉽게 항공권 가격을 비교할 수 있다.

전자항공권(E-ticket) 확인

항공권 결제가 끝나면 이메일로 전자항공권을 수령한다. 이 전자항공권은 예약번호만 알아두어도 실제 보딩패스를 발권하는 데 무리가 없으나, 만약을 대비해 출력하고 소지하는 것이 좋다.

Tip 항공권, 야무지게 예약하는 법

1 항공사 홈페이지 가격 비교 사이트를 주로 이용하는 여행자들이라면 항공사 홈페이지의 특가 상품을 간과하기 쉽다. 항공사에서는 출발일보다 1달, 혹은 그 이상 앞서 예약하는 이들을 위해 '얼리 버드' 상품을 내어 놓거나, 출발-도착일이 이미 정해진 특별 프로모션 상품을 왕왕 걸어둔다. 저렴한 항공권을 얻고 싶다면 항공사 SNS 계정이나 홈페이지를 자주 살필 것.

2 여행사 홈페이지 이른바 '땡처리' 항공권이 가장 많이 쏟아지는 플랫폼이 바로 여행사 홈페이지다. 주요 여행사 홈페이지에서 [항공] 카테고리로 들어가면 출발일이 임박한 특가 항공권을 확인할 수 있다. 이런 상품은 금세 매진되므로, 계획하고 있는 여정과 맞는 항공권이라면 주저하지 말고 예약하는 것이 좋다.

3 가격 비교 웹사이트·모바일 애플리케이션 가장 대중적인 항공권 예약 방법이다. 이때 해당 웹사이트의 모바일 애플리케이션을 활용하면 추가 할인 코드, 모바일 전용 상품 등을 통해 보다 다채로운 예약 혜택을 얻을 수 있다.

여행자 보험

사건·사고에 대처하기 힘든 해외 체류 기간 동안 여행자 보험은 여러모로 큰 힘이 되어준다. 보험 가입이 필수는 아니지만, 활동 중 상해를 입거나 물건을 도난 당하는 경우 등 불의의 사고로부터 금전적인 손실을 막을 수 있기 때문이다. 가입은 보험사 대리점이나 공항의 보험사 영업소 데스크를 직접 찾아가거나, 온라인/모바일 애플리케이션을 이용해 간단히 처리할 수 있다. 보험사에 따라 보장받을 수 있는 금액이나 보장 한도에 차이가 있으니 나에게 맞는 보험을 꼼꼼하게 따져보는 것이 좋다.

사고 발생 시 대처법

귀국 후 보험금을 청구할 때 반드시 제출해야 하는 서류는 다음과 같다.

해외 병원 이용 시

진단서, 치료비 명세서 및 영수증, 처방전 및 약제비 영수증, 진료 차트 사본 등을 챙겨두자.

도난 사고 발생 시

가까운 경찰서에 가서 신고를 하고 분실 확인 증명서(Police Report)를 받아 둔다. 부주의에 의한 분실은 보상이 되지 않으므로, 해당 내용을 '도난(stolen)' 항목에 작성해야 보험금을 청구할 수 있다.

항공기 지연 시

식사비, 숙박비, 교통비와 같은 추가 비용이 보장되는 보험에 가입한 경우에는 사용한 경비의 영수증을 함께 제출해야 한다.

여행 준비물

다음은 출국을 앞둔 여행자가 반드시 챙겨야 하는 여행 준비물 체크리스트다. 기본 준비물 항목은 반드시 챙겨야 하는 필수 물품이고, 의류 잡화 및 전자용품과 생활용품은 현지 환경과 여행자 개인 상황에 따라 알맞게 준비하면 된다.

분류	준비물	체크	분류	준비물	체크
기본 준비물	여권		의류 및 잡화	상의 및 하의	
	여권 사본			속옷 및 양말	
	항공권 E-티켓			겉옷	
	여행자보험			운동화	
	현금(현지 화폐) 및 신용카드			실내용 슬리퍼	
	국제운전면허증 또는 국제학생증 (렌터카 이용 및 학생 할인에 사용)			보조가방	
	숙소 바우처			우산	
	현지 철도 패스		전자 용품	멀티플러그	
	여행 가이드북			카메라	
	여행 일정표			휴대폰	
	필기도구			각종 충전기	
	상비약		생활 용품	화장품	
	세면도구 및 수건			여성용품	

공항 가는 길

여행의 관문, 인천국제공항으로 떠난다. 탑승할 항공편에 따라 목적지는 제1여객터미널과 제2여객터미널로 나뉜다. 두 터미널 간 거리가 상당하므로(자동차로 20여 분 소요) 출발 전 어떤 항공사와 터미널을 이용하는지 반드시 체크해야한다.

터미널 찾기
제1여객터미널(T1) 아시아나항공, 제주항공, 진에어, 티웨이항공, 에어서울, 기타 외항사 취항
제2여객터미널(T2) 대한항공, 델타항공, 에어프랑스, KLM네덜란드항공, 중화항공, 가루다인도네시아항공, 샤먼항공 등 취항

자동차를 이용하는 경우
귀국 후 다시 자동차를 이용할 예정이라면, 인천국제공항 장기주차장을 이용해도 좋다. 소형차 1일 9,000원, 대형차 1일 12,000원이며 자세한 내용은 홈페이지를 통해 확인할 수 있다.
영종대교 방면
공항 입구 분기점에서 해당 터미널로 이동
인천대교 방면
공항신도시 분기점에서 해당 터미널로 이동
인천공항공사 www.airport.kr

공항리무진(서울·경기 지방버스)을 이용하는 경우
공항 도착
출발지 → 제1여객터미널 → 제2여객터미널
공항 출발
제2여객터미널 → 제1여객터미널 → 도착지
공항리무진 www.airportlimousine.co.kr

공항철도를 이용하는 경우
노선 서울역 → 공덕 → 홍대입구 → 디지털미디어시티 → 김포공항 → 계양 → 검암 → 청라 국제도시 → 영종 → 운서 → 공항화물청사 → 인천공항 1터미널 → 인천공항 2터미널
운영 일반열차 첫차 05:23, 막차 23:32(직통열차 첫차 05:20 막차 22:40) 공항철도 홈페이지 www.arex.or.kr

무료 순환버스(터미널 간 이동)
제1터미널 → 제2터미널: 15분 소요(15km), 제1터미널 3층 8번 출구에서 탑승(배차 간격 5분)
제2터미널 → 제1터미널: 18분 소요(18km), 제2터미널 3층 4,5번 출구에서 탑승(배차 간격 5분)
인천공항공사 www.airport.kr

> **Tip 도심공항터미널에서 수속하기**
>
> 당일 인천공항 출발 국제선 항공편에 한해 서울역, 삼성동, 광명역에 위치한 도심공항터미널에서 미리 탑승수속, 수화물 위탁, 출국심사에 이르는 과정을 마칠 수 있다. 다만 항공편이나 항공사 사정에 따라 이용 불가한 경우도 있으므로 사전에 홈페이지를 통해 상세 정보를 확인해야 한다. 삼성동과 광명역에 위치한 도심공항터미널은 코로나19로 인한 터미널 임시 운영 중단으로 모든 항공사의 탑승 수속이 불가하다(2023년 6월 기준).
>
> 서울역
> 탑승 수속 05:20~19:00(대한항공은 3시간 20분 전 수속 마감) | 출국심사 07:00~19:00
> 입주 항공사 대한항공, 아시아나항공, 제주항공(일본, 필리핀, 태국, 베트남, 말레이시아, 라오스 노선만 수속 가능), 티웨이항공(미주 노선 제외), 에어서울, 에어부산, 진에어(미주 노선 제외) 등
> 공항철도 홈페이지 www.arex.or.kr

셀프 체크인이 가능한 키오스크 (무인 단말기)

탑승 수속 & 출국

1 탑승 수속

공항에 도착했다면 탑승 수속(Check-in)을 시작해야 한다. 항공사 카운터에 직접 찾아가 체크인하는 것이 가장 일반적이지만, 무인 단말기(키오스크)를 통해 미리 체크인을 한 뒤 셀프 체크인 전용 카운터를 이용해 수하물만 부쳐도 무방하다. 좌석을 직접 지정하고 싶다면 웹사이트나 모바일 애플리케이션을 이용해 미리 온라인 체크인을 해도 좋다(항공사마다 환경이 서로 다를 수 있다).

수하물 부치기
항공사 규정(부피, 무게 규정이 항공사마다 상이하다)에 따라 수하물을 부친다. 이때 위탁할 대형 캐리어는 부치고, 기내에서 소지할 보조가방은 챙겨 나온다. 위탁 수하물과 기내 수하물은 물품의 반입 가능 여부가 까다로우므로 아래 체크리스트를 미리 꼼꼼히 살펴야겠다. 수하물을 부칠 때 받는 수하물표(배기지 클레임 태그 Baggage Claim Tag)는 짐을 찾을 때까지 보관해야 한다.

반입 제한 물품
기내 반입 금지 물품 인화성 물질, 창과 도검류(칼, 가위, 기타 공구, 칼 모양 장난감 포함), 100mL 이상의 액체, 젤, 스프레이, 기타 화장품 등 끝이 뾰족한 무기 및 날카로운 물체, 둔기, 소화기류, 권총류, 무기류, 화학물질과 인화성 물질, 총포·도검·화약류 등 단속법에 의한 금지 물품
위탁 금지 수하물 보조배터리를 비롯한 각종 배터리, 가연성 물질, 인화성 물질, 유가증권, 귀금속 등(따라서 배터리, 귀금속, 현금 등 긴요한 물품은 기내 수하물로 반입하면 된다).

2 환전/로밍

환전
여행 중에는 소액이라도 현지 화폐를 비상금 명목으로 지니고 있는 것이 좋다. 따라서 환전은 여행 전 반드시 준비해야 하는 과정이다. 주요 통화가 쓰이는 경우는 물론, 현지에서 환전해야 하는 경우에도 미리 달러화를 준비해야 하기 때문이다. 환전은 시내 은행, 인천국제공항 내 은행 영업소, 온라인 뱅킹과 모바일 앱을 통해 처리할 수 있다. 자세한 방법은 p.32~33을 참고한다.

로밍

국내 통신사 자동 로밍을 이용하면 자신의 휴대폰 번호를 그대로 해외에서 사용할 수 있다. 경우에 따라서는 현지 선불 유심을 구입하거나, 포켓 와이파이를 대여하는 것이 보다 합리적이다.

3 출국 수속

보딩 패스와 여권을 확인 받았다면 출국장으로 들어선다. 만약 도심공항터미널에서 출국심사를 마쳤다면 전용 게이트를 통해 들어가면 된다(외교관, 장애인, 휠체어이용자, 경제인카드 소지자들도 별도의 심사대를 통해 출입국 심사를 받을 수 있다).

보안 검색

모든 액체, 젤류는 100mL 이하로 1인당 1L 이하의 지퍼락 비닐봉투 1개만 기내 반입이 허용된다. 투명 지퍼락의 크기는 가로·세로 20cm로 제한되며 보안 검색 전에 다른 짐과 분리하여 검색요원에게 제시해야한다. 시내 면세점에서 구입한 제품의 경우 면세점에서 제공받은 투명 봉인 봉투 또는 국제표준 방식으로 제조된 훼손탐지 가능 봉투로 봉인된 경우 반입이 가능하다. 비행 중 이용할 영유아 음식류나 의사의 처방전이 있는 모든 의약품의 경우도 반입이 가능하다.

출국 심사

검색대를 통과하면 출국 심사대에 닿는다. 심사관에게 여권과 보딩 패스를 제시하고 허가를 받으면 출국장으로 진입할 수 있는데, 이때 19세 이상 국민은 사전등록 절차 없이 자동출입국 심사대를 이용할 수 있다(만 7세~만 18세 미성년자의 경우 부모 동의 및 가족관계 확인 서류 제출). 개명이나 생년월일 변경 등 인적 사항이 변경된 경우, 주민등록증 발급 후 30년이 경과된 국민의 경우 법무부 자동출입국심사 등록센터를 통해 사전등록 후 이용 가능하다.

이용 방법은 여권 인적 사항 페이지를 기계에 대고 인식하면 문이 열린다. 지문을 기계에 접촉하고 카메라로 얼굴을 찍으면 출국심사가 완료된다.

Tip 공항 내 주요 시설

긴급여권발급 영사민원서비스
여권의 자체 결함 또는 여권 사무기관의 행정착오로 여권이 잘못 발급된 사실을 출국이 임박한 때에 발견하여 여권 재발급이 필요한 경우 단수여권을 발급받을 수 있다. 단, 여권발급신청서, 신분증(주민등록증, 유효한 운전면허증, 유효한 여권), 여권용 사진 2장, 최근 여권, 신청사유서, 당일 항공권, 긴급성 증빙서류(출장명령서, 초청장, 계약서, 의사 소견서, 진단서 등) 등 제출 요건을 갖춰야 한다.
[인천국제공항] 위치 [제1여객터미널] 3층 출국장 G체크인 카운터 부근, [제2여객터미널] 2층 중앙홀 정부종합행정센터 **전화** 032-740-2777~8, **운영시간** 09:00~18:00 (1터미널은 공휴일 휴무, 2터미널은 연중무휴) [1터미널] 08:00~20:00 (12:00~13:00, 17:30~18:00 휴진), [2터미널] 08:30~18:00, 주말 및 공휴일 08:30~15:00 (12:00~13:00 휴진)

인하대학교병원 공항의료센터
위치 [제1여객터미널] 지하 1층 동편, [제2여객터미널] 지하 1층 서편 **전화** [제1터미널] 032-743-3119, [제2터미널] 032-743-7080, 032-740-2782~3 **운영시간** 월~금요일 08:30~18:00(토요일 및 공휴일 ~15:00, 일요일 휴무)

유실물센터
위치 [제1여객터미널] 지하1층, [제2여객터미널] 2층 중앙 정부종합행정센터 내 **전화** T1 032-741-3110, T2 032-741-8988 **운영시간** 07:00~22:00

수화물보관·택배서비스
한진택배 위치 제1여객터미널 3층 B, N 체크인 카운터 부근

면세 구역 통과 및 탑승

면세 구역에서 구입한 물품 중 귀중품 및 고가의 물품, 수출 신고가 된 물품, 1만 USD를 초과하는 외화 또는 원화, 내국세 환급대상(Tax Refund) 물품의 경우 세관 신고가 필수다. 탑승을 하기 위해서는 출발 40분 전까지 보딩 패스에 적힌 탑승구(Gate)에 도착해야 한다. 제2여객터미널의 경우 여객터미널(1~50번)과 탑승동(101~132번)으로 탑승구가 나뉘어 있다.

위급상황 대처법

1 공항에서 수하물을 분실했을 때

공항 내에서 수하물에 대한 책임 및 배상은 해당 항공사에 있기 때문에, 수하물 분실 시 공항 내 해당 항공사를 찾아가야 한다. 화물인수증 《Claim Tag》을 제시한 후 분실신고서를 작성하면 된다. 단, 공항 밖에서 수하물을 분실한 경우는 항공사에 책임이 없으므로, 현지 경찰에 신고해야 한다. 물건 분실 및 도난이 발생했을 때를 참조한다.

2 물건 분실 및 도난이 발생했을 때

분실 신고 시 신분 확인이 필수이므로, 여권을 지참해야 한다. 여행 전 가입해 둔 여행자 보험을 통해 보상을 받기 위해서는 현지 경찰서에서 작성해 주는 분실 확인 증명서(Police Report)를 꼭 챙겨야 한다. 현지어가 원활하지 못해 의사소통이 힘들 경우엔 외교부 영사콜센터의 통역 서비스를 이용하면 편리하다(영어, 중국어, 일본어, 베트남어, 프랑스어, 러시아어, 스페인어 등 7개 국어 지원).

여권 분실

현지 경찰서(경찰서는 게이사쓰쇼(警察署), 파출소는 고오방(交番)이라 한다)에서 분실 확인 증명서(Police Report)를 받은 후, 대한민국 대사관 또는 총영사관으로 가서 분실 신고를 한다. 여권 재발급(귀국 날짜가 여유 있는 경우 발급에 1~2주 소요) 또는 여행 증명서(귀국일이 얼마 남지 않은 경우 바로 발급 가능)를 받으면 된다. 로 바로 발급되는 여행 증명서를 신청한다.

신용카드 및 현금 분실(또는 도난)

특히 해외에서 신용카드 분실 시 위·변조 위험이 있으므로, 가장 먼저 해당 카드사에 전화하여 카드를 정지시키고 분실 신고를 해야 한다. 혹여 부정적으로 카드가 사용된 것이 확인될 경우, 현지 경찰서에서 분실 확인 증명서(Police Report)를 받아 귀국 후 카드사에 제출해야 한다. 해외여

행 시 잠시 한도를 낮춰 두거나 결제 알림 문자서비스를 이용하는 것도 예방 방법 중 하나다.

급하게 현금이 필요한 상황이라면, 외교부의 신속해외송금제도를 이용해보자. 국내에 있는 사람이 외교부 계좌로 돈을 입금하면 현지 대사관 또는 총영사관을 통해 현지 화폐로 전달하는 제도다. 1회에 한하며, 미화 기준 $3,000 이하만 가능하다.
홈페이지 외교부 신속해외송금제도 www.0404.go.kr/callcenter/overseas_remittance.jsp

휴대폰 분실

해당 통신사별 고객센터로 전화하여 분실 신고를 한다.
전화 SKT +82-2-6343-9000, KT +82-2-2190-0901, LGU+ +82-2-3416-7010

갑작스러운 부상 또는 여행 중 아플 때

현지 병원에서 진료를 받게 되면 국내 건강보험이 적용되지 않아 상당 금액의 진료비가 청구된다. 이런 경우를 대비해 반드시 여행자 보험에 가입하고 여행을 떠나는 것이 좋다.

긴급 연락처

긴급 전화 110
대한민국 영사콜센터
해외에서 위급한 상황에 처했을 경우 도움을 주기 위해 대한민국 정부에서 운영하는 24시간 전화 상담 서비스이며, 연중무휴로 운영된다.
전화 [국내 발신] 02-3210-0404, [해외 발신] 자동 로밍 시 +82-2-3210-0404, 유선전화 또는 로밍이 되지 않은 전화일 경우 현지 국제전화코드 + 800-2100-0404 / 800-2100-1304(무료), 현지 국제전화 코드 +82-2-3210-0404(유료)

주 오사카 대한민국 총영사관

주소 大阪府大阪市中央区西心斎橋2丁目3-4 전화 +81-6-4256-2345(근무시간 외 +81-90-3050-0746) 운영 월~금요일 08:45~17:30(민원 업무 09:00~16:00) 가는 방법 오사카메트로 미도스지(御堂筋)선 신사이바시(心斎橋)역 7번 출구에서 도보 12분

여행 일본어

■ 인사하기

안녕하세요. (아침 인사)	おはようございます。	오하요 고자이마스
안녕하세요. (점심 인사)	こんにちは。	콘니치와
안녕하세요. (저녁 인사)	こんばんは。	콤방와
감사합니다.	ありがとうございます。	아리가또 고자이마스
실례합니다. (죄송합니다)	すみません。	스미마셍

■ 식당에서

메뉴를 볼 수 있을까요?	メニューをもらえますか。	메뉴오 모라에마스까
(메뉴를 가리키며) 이걸로 할게요.	これにします。	코레니 시마스
추천 메뉴는 무엇인가요?	お勧めは何ですか。	오스스메와 난데쓰까
계산서 주세요.	お会計をお願いします。	오카이케오 오네가이시마스
카드 결제 가능한가요?	クレジットカードは使えますか。	크레짓또카도와 츠카에마스까

■ 숙소에서

체크인하고 싶어요.	チェックインお願いします。	체크인 오네가이시마스
(종업원)여권을 보여주시겠어요?	パスポートお願いします。	파스포토 오네가이시마스
택시 좀 불러주시겠어요?	タクシーを呼んで下さい。	타크시오 욘데 쿠다사이
몇 시에 체크아웃인가요?	チェックアウトは何時ですか。	체크아우또와 난지데쓰까
체크아웃하고 싶어요.	チェックアウトお願いします。	체크아우또 오네가이시마스

■ 쇼핑할 때

입어 봐도 되나요?	試着してもいいですか。	시차쿠시떼모 이이데스까
좀 더 큰(작은) 사이즈는 있나요?	もっと大きい(小さい)ものはありますか。	못또 오오키이(치이사이) 모노와 아리스까
이 아이템의 다른 색은 있나요?	他の色はありますか。	호카노 이로와 아리마스까
이걸로 구매할게요.	これください。	코레 쿠다사이
얼마인가요?	いくらですか。	이쿠라데스까

■ 관광할 때

○○ 역은 어디인가요?	すみませんが、○○駅はどこですか。	스미마셍가 ○○에키와 도꼬데스까
주변에 은행이 있나요?	近くに銀行はありますか。	치카쿠니 깅꼬와 아리마스까
돈을 환전하고 싶어요.	両替がしたいのですが。	료가에가 시따이노데스가
사진촬영은 가능한가요?	写真を撮ってもいいですか。	샤싱오 톳떼모 이이데스까
화장실은 어딘가요?	トイレはどこですか。	토이레와 도꼬데스까

■ 병원&긴급할 때

구급차를 불러 주세요.	救急車を呼んでください。	규큐-샤오 욘데 구다사이
이 근처에 약국이 어디에 있습니까?	この近くに薬局がどこにありますか?	고노 치카쿠니 야쿠쿠가 도꼬니 아리마스까
○○○를(을) 사고 싶습니다.	○○○を買いたいです。	○○○오 카이타이데스
소화제	消化剤	쇼오카자이
진통제	痛み止め	이타미도메
감기약	風邪薬	카제구스리
해열제	解熱剤	게네츠자이
멀미약	酔い止め	요이토메
파스	湿布	십푸
설사약(지사제)	下痢止め	게리도메
○○○를(을) 주세요.	○○○をください。	○○○오 쿠다사이

■ 숫자

いち	이치	6	ろく	로쿠	한 개	ひとつ	히토츠	여섯 개 むっつ	뭇츠
二に	니	7	しち	나나, 시치	두 개	ふたつ	후타츠	일곱 개 ななつ	나나츠
さん	상	8	はち	하치	세 개	みっつ	밋츠	여덟 개 やっつ	얏츠
し	욘, 시	9	きゅう	큐	네 개	よっつ	욧츠	아홉 개 ここのつ	코코노츠
ご	고	10	じゅう	쥬	다섯 개	いつつ	이츠츠	열 개 とお	토오

Tip 번역 애플리케이션 사용하기

스마트폰 번역 애플리케이션을 이용하면 더욱 손쉽게 의견을 전달할 수 있다. 한 글로 원하는 문장을 입력한 후 '번역' 버튼을 누르면 끝! 스피커 버튼을 누르면 음성 지원이 되어 더욱 편리하다. 대표적인 번역 애플리케이션으로는 구글 번역   (Google Translate)과 포털 사이트 네이버가 만든 통·번역 앱 파파고(Papago)가 있다. 아이폰 사용자는 앱 스토어(App Store)에서, 안드로이드 사용자는 구글 플레이(Google Play)에서 앱을 다운로드 받아 사용한다.

Index

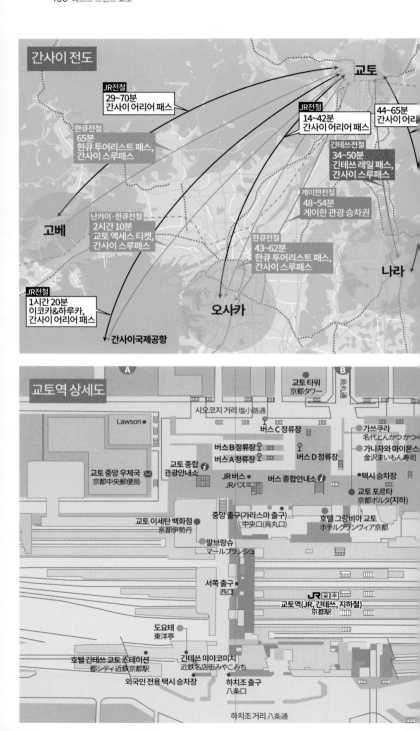

간사이 전도

교토

JR전철
29~70분
간사이 어리어 패스

JR전철
14~42분
간사이 어리어 패스

44~65분
간사이 어리

한큐전철
65분
한큐 투어리스트 패스,
간사이 스루패스

긴테쓰전철
34~50분
긴테쓰 레일 패스,
간사이 스루패스

게이한전철
48~54분
게이한 관광 승차권

난카이·한큐전철
2시간 10분
교토 액세스 티켓,
간사이 스루패스

한큐전철
43~62분
한큐 투어리스트 패스,
간사이 스루패스

고베

나라

오사카

JR전철
1시간 20분
이코카&하루카,
간사이 어리어 패스

간사이국제공항

교토역 상세도

A
B

교토 타워
京都タワー

Lawson

시오코지 거리 塩小路通

버스 C 정류장

가쓰쿠라
名代とんかつ かつ

가나자와 마이몬스
金沢まいもん寿司

버스 B 정류장
버스 A 정류장

버스 D 정류장

교토 종합
관광안내소

JR버스
JRバス

버스 종합안내소

택시 승차장

교토 중앙 우체국
京都中央郵便局

교토 포르타(지하)
京都ポルタ(地下)

중앙 출구(가라스마 출구)
中央口(烏丸口)

호텔 그랑비아 교토
ホテルグランヴィア京都

교토 이세탄 백화점
京都伊勢丹

말브랑슈
マールブランシュ

서쪽 출구
西口

JR

교토역(JR, 긴테쓰, 지하철)
京都駅

도요테
東洋亭

호텔 긴테쓰 교토 스테이션
都シティ近鉄京都駅

긴테쓰 미야코미치
近鉄名店街みやこみち

외국인 전용 택시 승차장

하치조 출구
八条口

하치조 거리 八条通

교토역 주변도

교토역 상세도 P.150 하단

교토역 하치조 출구 부근 외국인 전용 택시 승차장

교토역 플랫폼

가라스마오이케역
烏丸御池駅

신푸칸
新風館

에이스 호텔 교토 Ace Hotel Kyoto
다스키 お茶と酒 たすき

롯카쿠도
六角堂

이노다커피
イノダコーヒ

슌사이 이마리
旬菜いまり
Fresco

六角通

高倉小学校

스마트커피점
スマート珈琲店

로쿠요샤커피점
六曜社珈琲店

마사요시
京都ダイニン

미나 교토
ミーナ京都

교고쿠카네요
京極かねよ

교토BAL
京都バル

신쿄고쿠 상점가
新京極商店街

데라마치쿄고쿠 상점가
寺町京極商店街

돈키호테
ドン・キホーテ

가와라마치 상
河原町商店街

키디랜드 Kiddy

가란코론
カランコ

Lawson

도요코INN 교토 시조가라스마
東横INN京都四条烏丸

구시하치
串八

가라스마역
烏丸駅
HK

포켓몬센터 교토
ポケモンセンターキョウト

야오사다
ごはん処 矢尾定

니시키 시장
錦市場

다이마루
大丸

다이소
DAISO

토큐핸즈
Tokyu-hands京都店

Lawson

시조역
四条駅

Family Mart

Family Mart

시조 거리
四条通

錦天満宮

가와라마치오파
河原町オーパ

런던야 ロンドンヤ

교토가와라마치역
阪急電鉄 京都河原町駅
HK

후지이 다이마루
藤井大丸

교토 다카시마야
京都高島屋

호텔 닛코 프린세스 교토
ホテル日航プリンセス京都

위베이스 교토
WeBase 京都
Family Mart

산리오 갤러리 교토
Sanrio Gallery Kyoto

교토 가와라마치 가든
京都河原町ガーデン

디즈니 스토
ディズニース

Family Mart

佛光寺

d식당 교토
d食堂 京都

디앤디파트먼트 교토
D&Department Kyoto

Fresco

Lawson

다이와 로이넷 호텔 교토 시조 가라스마
ダイワロイネットホテル京都四条烏丸

松原通

Lawson

렌 교토 가와라마치
Len Kyoto Kawaramachi

万寿寺通

호텔 타비노스 교토
HOTEL TAVINOS KYOTO

五条通

고조역
五条駅

기요미즈고조역
清水五条駅
KH

Fresco

이치히메 신사
市比賣神社

기요미즈데라&기온

三条通

三条通

東洞院通

柳馬場通

蛸薬師通

蛸薬師通

高倉通

錦小路通

綾小路通

仏光寺通

高辻通

富小路通

木屋町通

河原町通

先

三条通

六角通

六角通

室町通

堺町通

麩屋町通

西木屋町通

河原町通

堺町通

東洞院通

室町通

東洞院通

烏丸通

0   125m   250m

산조게이한역
三条京阪駅

히가시야마역
東山駅

쇼렌인몬제키
青蓮院門跡

大谷大路通

하나미코지 거리
花見小路通

東大路通

시라카와미나미 거리
白川南通

leven

다쓰미다이묘진
辰巳大明神

쇼군즈카세이류덴
将軍塚青龍殿

→

다쓰미바시 巽橋

조역
条駅

이즈우 いづう
Family Mart

마루야마 공원
円山公園

시조 거리
四条通

Family Mart

하치다이메 기헤이
八代目儀兵衛

야사카 신사
八坂神社

長楽寺

가히츠칸
何必館

미나미자
南座

사료쓰지리
茶寮都路里

Family Mart

하나미코지 거리
花見小路通

니켄차야
二軒茶屋

신소바 마쓰바
総本家にしんそば 松葉 本店

Eleven

기온NITI
祇園NITI

이시베코지
石塀小路

네네의 길
ねねの道

히사고ひさご

고다이지
高台寺

겐닌지
建仁寺

야스이콘피라구
安井金比羅

페이지 원
PAGE ONE
Seven Eleven

사료 와카나
茶寮 和香菜

파크 하얏트 교토
パークハイアット京都

Family Mart
Fresco

%아라비카교토
%アラビカ京都

니넨자카
二年坂

교토 기온
京都祇園

八坂通

주몬도
十文堂

호칸지 法観寺

야사카코신도
八坂庚申堂

松原通

Seven Eleven

요지야よーじや

동산구역소
東山区役所

지온인 知恩院
(기요미즈자카 清水坂)

산넨자카
産寧坂

시치미야혼포
七味屋本舗

쇼쿠도엔도
食堂エンドウ

京都市立 開晴中学校

Family Mart
東山警察署

아코야자야
阿古屋茶屋

五条坂通

지슈신사
地主神社

기요미즈데라
清水寺

五条坂通

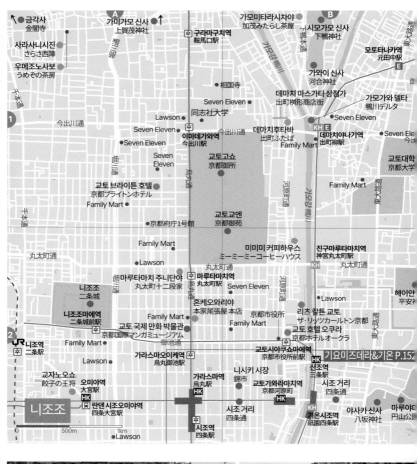

가모강의 모습

은각사

0 250m 500m

엔코지
圓光寺

시센도
詩仙堂

金福寺

이치조지역
叡山電鉄 一乗寺駅

차야마·교토예술대학역
茶山·京都芸術大学駅
● Seven Eleven

● 교토예술대학
京都芸術大学

모토타나카역
元田中駅

北大路通

● Lawson

御陰通

데마치야나기역
出町柳駅
Seven Eleven ●

今出川通
今出川通
今出川通

교토대학
京都大学

교토대학
京都大学

● 모안
茂庵

● 오멘
名代おめん

은각사
銀閣寺

Family Mart ●

● 吉田神社

호넨인
法然院

Family Mart ●

● Seven Eleven

신뇨도
真如堂

철학의 길
哲学の道

● 安楽寺

● 霊鑑寺

교토대학의학부부속병원
京都大学医学部附属病院

곤카이코묘지
金戒光明寺

진구마루타마치역
神宮丸太町駅

Lawson

오카자키 신사
岡崎神社

히노데우동
日の出うどん

● Lawson

헤이안진구
平安神宮

丸太町通

● Family Mart

오카자키 공원
岡崎公園

그릴코다카라
グリル小宝

교토 모던 테라스
京都モダンテラス
細見美術館 ●

야마모토멘조
山元麺蔵

에이칸도젠린지
永観堂禅林寺

Seven Eleven ●

교토시 교세라 미술관
京都市京セラ美術館

京都市動物園

난젠지 준세이
南禅寺 順正

교토 국립 근대 미술관
京都国立近代美術館

京都市美術館

金地院

난젠지
南禅寺

우사기노잇포
卯sagiの一歩

산조역
京阪電鉄
三条駅

산조게이한역
三条京阪駅

仁王門通

게아게 인클라인
蹴上インクライン

교토미 京とみ

히가시야마역
東山駅

三条通

웨스틴 미야코 호텔 교토
ウェスティン都ホテル京都

아와타 신사 粟田神社 ●

금각사

0 ──── 500m ──── 1km

겐코앙
源光庵 ↑

금각사
金閣寺

하나마키야
京のそば処 花巻屋

이타다키
金閣寺 いただき ● Lawson

가미가모 신사 上賀茂
이치와
가자리야 かざ

● Seven Eleven

다이토쿠
大徳
北大路通 北大路通
船岡山

31

료안지
龍安寺

衣笠山

きぬかけの路

● Family Mart

히라노 신사
平野神社

기타노텐만구
北野天満宮

京都府立 學校

西寿寺

닌나지
仁和寺

立命館大学

● Lawson

란덴 도오지인 · 리츠메이칸대학
기누가사캠퍼스마에역
嵐電 等持院 · 立命館大学
衣笠キャンパス前駅

● Seven Eleven

今出川通

● Lawson

今出川通

千 通 도리

란덴 우타노역
嵐電 宇多野駅

130 ● Family Mart

란덴 료안지역
嵐電 龍安寺駅

● Lawson

란덴 기타노하쿠바이초역
嵐電 北野白梅町駅

● Seven Eleven

162

란덴 오무로닌나지역
嵐電 御室仁和寺駅

란덴 묘신지역
嵐電 妙心寺駅

● Seven Eleven

● Family Mart

● Lawson

● Lawson

란덴 나루타키역
嵐電 鳴滝駅

게이후쿠(京福) 전철 기타 노선(北野線)

● 大本山 妙心寺

西大路通

란덴 도키와역
嵐電 常盤駅

● Seven Eleven
● Seven Eleven

162

130

129

129

丸太町通

JR 하나조노역
花園駅

JR 엔마치역
円町駅

丸太町通

187

187

고류지
広隆寺

131

111

아라시야마

0 ──── 250m

● Lawson

조잣코지
常寂光寺

● Family Mart

● Seven Eleven

미카미 신사
御髪神社

사가노도롯코 열차
도롯코아라시야마역
嵯峨野トロッコ列車
嵯峨野トロッコ嵐山駅

京都嵐山
オルゴール博物館

JR 사가아라시야마역
嵯峨嵐山駅

란덴구루마자야
嵐電 車折?

JR 도롯코 嵐山駅

노노미야 신사
野宮神社

사가노유
嵯峨野湯

란덴로쿠오인역
嵐電鹿王院駅

덴류지
天龍寺

사가도후 이네
嵯峨とうふ稲

란덴사가역
嵐電嵯峨駅

게이후쿠(京福) 전철
아라시야마 본선(嵐山本線)

사가노지쿠린길
嵯峨野竹林の道

란덴 아라시야마역
嵐電 嵐山駅

호시노야 교토
星のや京都

아라시야마 쇼류엔
嵐山昇龍苑

eX 카페
eXカフェ

三条通

福田美術館

% 아라비카
교토 아라시야마
%アラビカ 京都嵐山

아라시야마 요시무라
嵐山よしむら

府道29号線

호즈강 유람선
保津川下り

도게쓰교
渡月橋

아라시야마 공원
嵐山公園

무스비 카페
musubi cafe

아라시야마 몽키파크
嵐山モンキーパークいわたやま

● Lawson

HK 한큐아라시야마역
阪急嵐山駅

府道135号線

府道29号線

桂川

+Plus 구글맵으로 버스 이용하기

여행에서 자주 사용하는 지도 애플리케이션인 구글맵(Google Maps)을 이용하여 교토 버스를 이용하는 법을 소개한다. 승하차 위치만 알면 구글맵을 이용하여 손쉽게 교토 버스를 이용할 수 있다.

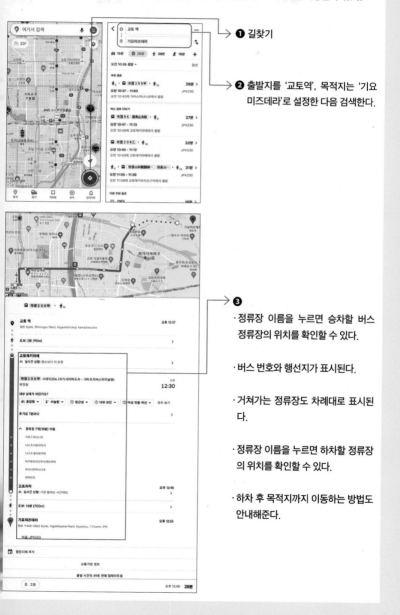

❶ 길찾기

❷ 출발지를 '교토역', 목적지는 '기요미즈데라'로 설정한 다음 검색한다.

❸
· 정류장 이름을 누르면 승차할 버스 정류장의 위치를 확인할 수 있다.

· 버스 번호와 행선지가 표시된다.

· 거쳐가는 정류장도 차례대로 표시된다.

· 정류장 이름을 누르면 하차할 정류장의 위치를 확인할 수 있다.

· 하차 후 목적지까지 이동하는 방법도 안내해준다.

교토 주요 철도 노선도

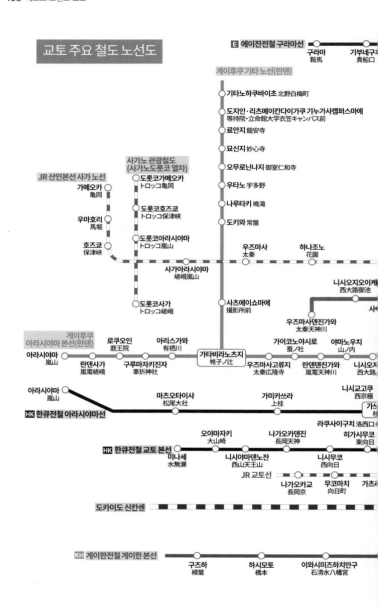

E 에이잔전철 구라마선
구라마 鞍馬
기부네구치 貴船口

게이후쿠 기타 노선(란덴)

기타노하쿠바이초 北野白梅町

도지인·리츠메이칸다이가쿠 기누가사캠퍼스마에 等持院·立命館大学衣笠キャンパス前

료안지 龍安寺

묘신지 妙心寺

오무로닌나지 御室仁和寺

우타노 宇多野

나루타키 鳴滝

도키와 常盤

JR 산인본선 사가 노선
가메오카 亀岡
우마호리 馬堀
호즈쿄 保津峡

사가노 관광철도 (사가노롯코 열차)
도롯코가메오카 トロッコ亀岡
도롯코호즈쿄 トロッコ保津峡
도롯코아라시야마 トロッコ嵐山
사가아라시야마 嵯峨嵐山
도롯코사가 トロッコ嵯峨

우즈마사 太秦
하나조노 花園

사츠에이쇼마에 撮影所前

니시오지오이케 西大路御池
사

우즈마사덴진가와 太秦天神川

게이후쿠 아라시야마 본선(란덴)
아라시야마 嵐山
란덴사가 嵐電嵯峨
로쿠오인 鹿王院
아리스가와 有栖川
구루마자키진자 車折神社
가타비라노츠지 帷子ノ辻
우즈마사고류지 太秦広隆寺
가이코노야시로 蚕ノ社
란덴덴진가와 嵐電天神川
야마노우치 山ノ内
니시오지 西大路
니시오지산조

HK 한큐전철 아라시야마선
아라시야마 嵐山
마츠오타이샤 松尾大社
가미카쓰라 上桂
니시교고쿠 西京極
가스

라쿠사이구치 洛西口

HK 한큐전철 교토 본선
오야마자키 大山崎
미나세 水無瀬
나가오카덴진 長岡天神
니시야마덴노잔 西山天王山
히가시무코 東向日
니시무코 西向日

JR 교토선
나가오카교 長岡京
무코마치 向日町
가츠

도카이도 신칸센

KH 게이한전철 게이한 본선
구즈하 樟葉
하시모토 橋本
이와시미즈하치만구 石清水八幡宮

JR 나라선
나라 奈良
나라야마 平城山
기즈 木津

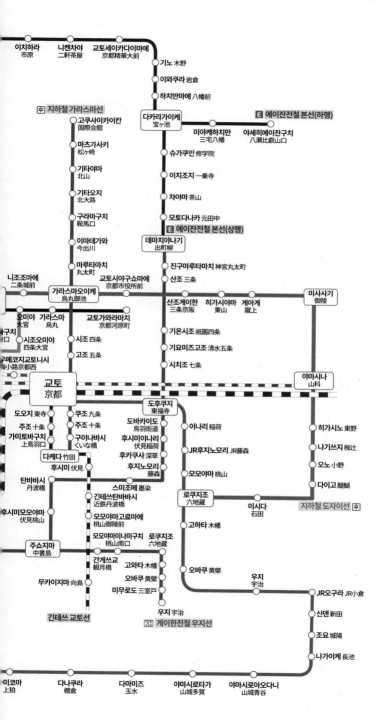

이치하라 市原
니넨차야 二軒茶屋
교토세이카다이마에 京都精華大前
기노 木野
이와쿠라 岩倉
하치만마에 八幡前

図 지하철 가라스마선
고쿠사이카이칸 国際会館
다카라가이케 宝ヶ池
E 에이잔전철 본선(하행)
미야케하치만 三宅八幡
야세히에이잔구치 八瀬比叡山口

마츠가사키 松ヶ崎
슈가쿠인 修学院

기타야마 北山
이치조지 一乗寺

기타오지 北大路
차야마 茶山

구라마구치 鞍馬口
모토다나카 元田中

이마데가와 今出川
E 에이잔전철 본선(상행)

마루타마치 丸太町
데마치야나기 出町柳

니조조마에 二条城前
교토시야쿠쇼마에 京都市役所前
진구마루타마치 神宮丸太町
산조 三条

가라스마오이케 烏丸御池
미사사기 御陵

오미야 大宮
가라스마 烏丸
교토가와라마치 京都河原町
산조게이한 三条京阪
히가시야마 東山
게아게 蹴上

구치 口
시조오미야 四条大宮
시조 四条
기온시조 祇園四条

고지교토니시 小路京都西
고조 五条
기요미즈고조 清水五条

시치조 七条

야마시나 山科

교토 京都

도오지 東寺
쿠조 九条
도후쿠지 東福寺
이나리 稲荷
히가시노 東野

주조 十条
주조 十条
도바카이도 鳥羽街道
JR후지노모리 JR藤森
나기쓰지 椥辻

가미토바구치 上鳥羽口
구이나바시 くいな橋
후시미이나리 伏見稲荷
모모야마 桃山
오노 小野

다케다 竹田
후카쿠사 深草
다이고 醍醐

후시미 伏見
후지노모리 藤森

탄바바시 丹波橋
스미조메 墨染
로쿠지조 六地蔵
이시다 石田
図 지하철 도자이선

후시미모모야마 伏見桃山
긴테쓰탄바바시 近鉄丹波橋
고하타 木幡

모모야마고료마에 桃山御陵前

주쇼지마 中書島
모모야마미나미구치 桃山南口
로쿠지조 六地蔵
오바쿠 黄檗

간게쓰교 観月橋
고와타 木幡
우지 宇治

무카이지마 向島
오바쿠 黄檗
JR오구라 JR小倉

미무로도 三室戸
신덴 新田

긴테쓰 교토선
우지 宇治
조요 城陽

KH 게이한전철 우지선
나가이케 長池

미코마 上狛
다나쿠라 棚倉
다마미즈 玉水
야마시로타가 山城多賀
야마시로아오다니 山城青谷

Best friends 베스트 프렌즈 시리즈 **8**

베스트 프렌즈
교토

발행일 | 초판 1쇄 2023년 7월 10일

지은이 | 정꽃나래, 정꽃보라

발행인 | 박장희
부문대표 | 정철근
제작총괄 | 이정아
편집장 | 조한별
책임편집 | 문주미
마케팅 | 김주희, 김미소, 한륜아, 이나현
표지 디자인 | ALL designgroup
내지 디자인 | 변바희, 김미연

발행처 | 중앙일보에스(주)
주소 | (03909) 서울시 마포구 상암산로 48-6
등록 | 2008년 1월 25일 제2014-000178호
문의 | jbooks@joongang.co.kr
홈페이지 | jbooks.joins.com
네이버 포스트 | post.naver.com/joongangbooks
인스타그램 | @j__books